ちくま学芸文庫

数理のめがね

坪井忠二

筑摩書房

はしがき

白と赤と黄の紙がある．赤い色めがねをかけてみると，白と赤の区別はなくなる．黄色のめがねをかけてみると，白と黄の区別はつかない．

世の中の森羅万象も，それをみるめがねの色によって，さまざまの姿をあらわす．‘数理’というとちょっと大げさだが，やはりそのめがねの１つである．日常身辺のことをそのめがねを通してみたらどんなことになるか，そんな話を雑誌『数学セミナー』（日本評論社発行）に連載したものを集めたのが，この本である．このめがねには少し乱視も入っているようだが，これはお許しをねがおう．

後半の「微分方程式雑記帳」も同じ雑誌に連載したものである．教科書ではないから，わざとひねって書いたつもりである．だからこれにはだいぶ乱視が入っている．

1968 年 11 月

坪 井 忠 二

目　次

数理のめがね

第１部　数学ずいひつ

1. クジラはワシよりも大きい

海>陸>空

動物のなかでいちばん大きいのは，クジラであろう．長さが30 m以上もあるのさえいる．あれが，ときどき潮をふきながら泳いでいるのは，さぞ壮観であろう．残念ながらまだ見たことはない．

古い地質時代にも大きい生物がいた．何とかザウルスというのがそれである．たとえば，ブロントザウルスという恐竜が，今から1.4億年くらい前に横行していた．トカゲを何百倍も大きくしたような形で，長いのは20 mもあったという．陸生の動物である．動作はあまり機敏ではなかったようだ．

鳥でいちばん大きいのはコンドルであろう．翼をひろげると，はじからはじまでは3 mもあるという．コンドルは我々におなじみがないから，ワシにしておいてもいい．

ともかくこうやって，海にいる動物，陸にいる動物，空を飛ぶ動物それぞれの横綱をくらべてみると，大きさが，その順序になっているのである．

自然の生物でなくて，人工的のものをくらべてみてもそうである．海には20万トン以上のマンモスタンカーが走っている．あれは長さが300 mもある．陸上の交通機関ではそんな大きいのはない．飛行機にいたってはずっと小さい．百何十人乗りの超大型といったって，せいぜい数十mだ．

生物をみても，人工物をみても，その大きさについて

「海」>「陸」>「空」

という不等式が成立しているようである．いったいそれはなぜなのであろうか．

$L^3/L^2 = L$

いろいろの理由があるだろうが，つぎのように考えるのも一つの説明になるかと思われる．まず大切なことは，船にしろ，クジラにしろ，“海”のものは，それが動くときに，重力に対して仕事をする必要がないということである．海の表面に沿って行動する限り，“海”の舞台は，重力の等ポテンシャル面である．980 cm/sec^2 というものが問題にならない．その意味ではいわば無重量状態なのだから，楽なはずである．運動に対する抵抗といえば，水をかきわけて波をつくる造波抵抗と，まわりの水とこすれあって生ずる摩擦抵抗とだけである．これらの抵抗は，船なりクジラなりの表面積に比例すると考えてもまずよいだろう．

そこでその“海”のものの長さを L とすれば，抵抗は L^2 に比例する．また，これらのものが水から受ける浮力は，L^3 に比例する．船のエンジンにしろ，クジラの筋肉にしろ，その力は L^3 に比例して大きくなると考えられ

る．そうすると，L^3 の力で L^2 の抵抗にうちかつということになるのだから，$L^3/L^2=L$ だけ残って，L が大きいほど，楽だということになりそうである．

たいへんうまいが，ちょっと困ることもある．それなら，クジラがもっともっと大きくなって，100 m も 200 m もあるのが何故できないのか．また，それなら，イワシでもアジでももっともっと大きくなってもよさそうではないか．しかしやはりそうはいかないのだろう．というのは，それだけのからだを作るのには，厖大(ぼうだい)な食料がいるわけだし，あまり大きくなると，こんどはそのからだを動かすことそれ自体がたいへんになってきて，$L^3/L^2=L$ だけですまされなくなるのではないだろうか．まあそれは，生物の問題だとして，ここでは目をつぶっておくことにしよう．

“陸”のものは，“海”のものにくらべてずっと苦しい．行動の舞台が平面とは限っていないから，山を上ったりするときに，重力 g に対してまともに仕事をしなければならない．力が L^3 でふえても，仕事も L^3 でふえるのだから，図体が大きくなったからといっても，もともとで，得になるところがちっともない．平地ばかりにいるとして，g に対する仕事がないとしても，こんどは自分の目方を支えるのがたいへんである．目方は L^3 でふえるのに，足の裏の面積は L^2 でしかふえないから，大きくなればなるほど単位面積あたりの荷重は大きくなる．単位面積あたりの荷重は $L^3/L^2=L$ でふえてしまう．L が大きくなるほど苦しい．

列車の場合には，車輪の数がふえるからそれほどでもないだろうが，生物だったらたいへんである．象が4本足でいる限り，からだがもっと大きくなったら，足がまいってしまうだろう．外国のオバチャンで太りすぎて2本足ではもたなくなり，松葉杖のたすけを借りている人がいる．あれは，2本足の荷重を4本に分担させようというのであろう．昔のブロントザウルスは，この点，はなはだりこうであった．陸上の動物ではあるが，湖や沼のようなところに入っていて，浮力によって目方をころしていたらしい．カバもそうだ．

鳥とか飛行機とか，“空”のものになると，話はもっと深刻である．L^3 に比例する目方を，まともにもち上げなければならないのだ．速さが大きいほど揚力は大きいが，その速さを出すためには，からだが重くなる．翼を大きくすれば揚力は大きくなるが，行動は敏速でなくなる．だから飛行機も鳥も，あまり大きくなれない．

だいぶ屁理屈めいてきたが，話の大筋にはまちがいはないと思う．要するに $L^3 \sim L^2$ の問題，えらそうにいえば次元解析の問題である．

大きい器械と小さい器械

物理の測定器械にもこれに似た問題がある．たとえば，捩り秤（ねじればかり）などがそのよい例である．捩り秤というのは，図1-1のように，細い針金で棒を水平につるしたものであ

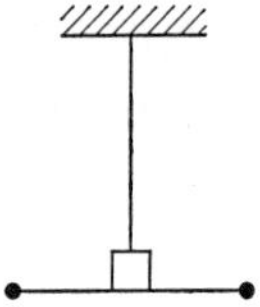

図 1-1

る．

そして横棒が回転的に振動する．そこでその振動周期をできるだけ長くしたいということが要求されている．さてこの振動周期 T は

$$T = 2\pi\sqrt{I/\tau}$$

によって与えられる．I は中心線のまわりに関する棒の慣性能率（かんせいのうりつ），τ は回転に関する針金の弾性係数である．周期 T を長くするには，I を大きく，τ を小さくすればよいわけだ．しかし τ を小さくしようと思って針金を細くすると，棒の目方にたえかねてきれてしまう．ではどうすればよいか．

棒の慣性能率 I は $\frac{1}{3}Ma^2$ である．M は棒の目方，a は棒の長さの半分である．さて棒の太さも長さも，すべてを k 倍にしたとすると，M は k^3 倍，a は k 倍になるから，慣性能率は全体として k^5 倍になる．一方，針金の弾性係数は，その半径 r の 4 乗に比例する．また強さは r の 2 乗に比例する．横棒の目方 M が k^3 倍になったのだから，それを支えるのには針金の半径は $k^{3/2}$ 倍になればよいわけだ．半径が $k^{3/2}$ 倍になったのだから，針金の弾性係数は，その 4 乗倍，すなわち k^6 倍になる．結局，周

期 T は $\sqrt{k^5/k^6} = k^{-0.5}$ 倍となる．だから T を長くするためには，k を小さくする方が有利だということになる．つまり，小さい器械を作った方がよいのである．

小さい団子ははやく冷える

もってまわって考えなくても，こういう種類の問題は，日常生活にも入り込んでいてあたりまえのことになっているものも多い．たとえば，同じ温度にあたためられている団子でも，大きいのは冷えにくく，小さいのは冷えやすい．これも r^3 と r^2 との問題である．放散すべき熱量は，体積に比例しているから r^3 でいくわけだが，それに関与する表面積は r^2 である．だから大ざっぱにいえば，団子が冷えるのに要する時間 t は，$r^3/r^2 = r$ に比例することになるはずで，大きい団子の方が冷えにくい．

氷がとける場合でいえば，熱は外から中へ向けて流れ込んでくるわけだが，氷を全部とかすのに要する熱量は r^3 に比例する一方，外から氷の中へ流れ込む熱量は，単位時間あたりに r^2 に比例する．だからとけるのに要する時間は r に比例する．いいかえれば，小さい氷粒ほど速くとける．花入りの氷柱のとけ方はおそいのに，かき氷がどんどんとけてしまうのはこのためである．もっともほんとのことをいうと，氷がとけるに従って r は小さくなるのだから，話はもうすこし複雑である．

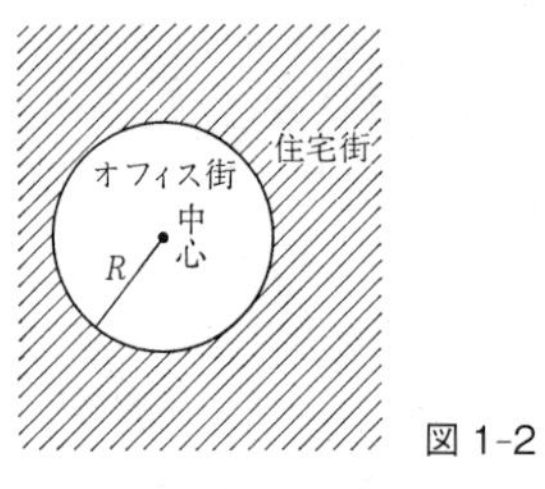

図 1-2

都市の交通

これに関連して考えられるのは，巨大都市における交通の問題である．

話を簡単にするために，ごく単純なモデルを考える．図1-2の円は，住宅地と，オフィス街との境であって，サラリーマンは自分の住宅を出て必ずこの円を横切って，中心に入ってくるものとする．この円の半径を R とすると，オフィス街の昼間の人口は R^2 に比例する．ところが夕方，会社がひけてうちへかえろうとするとき，横切らなければならない円の長さは，全体として $2\pi R$ しかない．だから，サラリーマンの全部がオフィス街から出てしまうまでの時間は，$R^2/R=R$ に比例する．大きい都市ほど，その時間が長くなるわけである．

劇場でも，映画館でも，同じことだろう．大きいものほど客の出入りに時間がかかる．しかし，オリンピックのとき，メインスタディアムでは入口の混雑はなかったといわれている．あれはずいぶんよく考えて，入口をたくさん作ったのがよかったらしいが，もう一つ，競技場には中央に

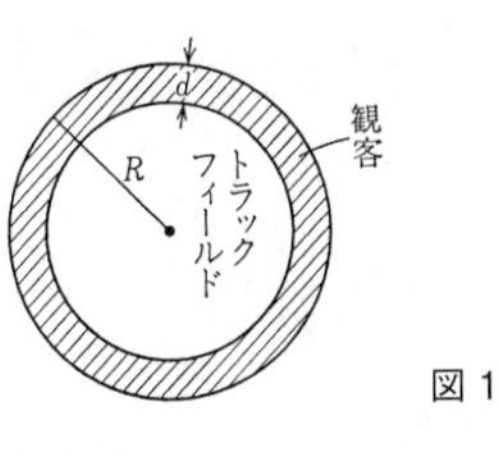

図 1-3

トラックやフィールドがあって，観客の数が R^2 に比例しているのではないということが，重要だったのではないかと思う．モデル的にいえば，スタディアムは図 1-3 のようになっているわけだから，観客の数は

$$\pi R^2 - \pi(R-d)^2 = 2\pi Rd - \pi d^2$$
$$\fallingdotseq 2\pi Rd \qquad (d \ll R)$$

に比例する．すなわち観客席の面積は，R の1乗にほぼ比例する．入口の数も R に比例するわけだから，観客が出終わるのに要する時間は，$R/R=1$ で，競技場の大きさにあまり関係しないということになるのではないだろうか．

地震波の周期

こんなことを考えているのも面白いが，これが地震の問題と関係があるということになると，私もいささか本気にならざるをえない．地震の規模 M (Magnitude) ということばはだいぶよく知られているようになった．あれは，地震の全体としての“がら”をあらわす目安であって，地震計のかいた記録から定められる量である．そして，その

地震によって放射されたエネルギー E と，M との間には

$$\log E = 11.8 + 1.5M \qquad (E : \mathrm{erg})$$

という関係があることが経験的に知られている（ただし対数の底は 10）．$M = 8.6$ くらいが地震としては最大なものであると私は考えているが，それに対応するエネルギーは，$\log E = 11.8 + 12.9 = 24.7$，$E = 5 \times 10^{24}$ erg という厖大なものになる．さてこの厖大なエネルギーが，地震の直前までどこかに蓄えられていたとすると，その体積も厖大なものでなければならない．なぜかというと，そのエネルギーを蓄える岩石には，強度に限界があって，単位体積あたりにそんな大きいエネルギーを蓄えることができないからである．この限度を k としよう．k はだいたい 3×10^3（erg）程度のものである．そうすると，E だけのエネルギーを蓄えるのに要する体積 V は

$$V = \frac{E}{k}$$

両辺の対数をとって

$$\begin{aligned} \log V &= \log E - \log k \\ &= 11.8 + 1.5M - 3.5 \\ &= 8.3 + 1.5M \end{aligned}$$

程度のものになる．簡単のため，この体積が球であって，その半径が R（cm）であるとすると，

$$V = \frac{4}{3}\pi R^3$$

両辺の対数をとって

$$\log V \fallingdotseq 0.6 + 3\log R = 8.3 + 1.5M$$

すなわち

$$\log R = 2.6 + 0.5M$$

ということになる．$M = 8.6$ ならば，$\log R = 6.9$，$R = 8 \times 10^6$ cm $= 80$ km ということになる．

さてこの厖大な体積の表面をよぎって，エネルギーが四方に放射されるわけであるが，単位時間に単位表面積をとおして流れるエネルギーは，kv である．v は，このエネルギーをはこぶ弾性波の速度（5×10^5 cm/sec 程度）である．エネルギーの流れが kv だというのは，もしもその流れの強さが，岩石の強度 k よりも大きければ岩石はこわれてしまって，弾性波として伝わるはずはないからである．そうすると，このエネルギーが発散されるのに要する時間 t は

$$t = \frac{E}{4\pi R^2 kv} = \frac{\frac{4}{3}\pi R^3 k}{4\pi R^2 kv} = \frac{R}{3v}$$

となる．すなわち t が R に比例するのであって，がらの大きい地震ほど周期が長いということである．これは先ほどの団子が冷えるのとまったく同じことである．もうちょっとくわしくいうと，エネルギーの放射は，時間に対して振動的であるし，またあらゆる方向に対して一様というわけでもないので，それらのことを考えると，

$$t = R/3v$$

の代わりに

$$t = 3R/v$$

とすべきであるらしい．ともかく，時間 t は，体積の半径 R に比例することになる．上の式から

$$\log t = 0.5 + \log R - \log v$$

これに

$$\log R = 2.6 + 0.5M$$
$$\log v = 5.7$$

を入れると

$$\begin{aligned}\log t &= 0.5 + 2.6 + 0.5M - 5.7 \\ &= 0.5M - 2.6\end{aligned}$$

となる．

$M = 8.6$ ならば，　$\log t = 1.7$,　　$t = 50\,\mathrm{sec}$

$M = 6.0$ ならば，　$\log t = 0.4$,　　$t = 3\,\mathrm{sec}$

$M = 4.0$ ならば，　$\log t = -0.6 = \bar{1}.4$,　　$t = 0.3\,\mathrm{sec}$

などとなり，実測ともかなりよくあう．

クジラとワシから始まったこの話は，器械や交通の話を経て，とうとう地震の話になってしまった．どこまでが遊びで，どこからがまじめなのか，自分でもわからない．みんな遊びだといってもいいし，みんなまじめだといってもいい．どちらにしろ面白いことにかわりはない．

2. 物のかぞえかた

それは何重衝突か

このごろのように交通がはげしくなると，衝突事故が度々（たびたび）おこる．新聞をみると，2重衝突とか3重衝突とかいうことばがでてくる．自動車の2重衝突といえば，車Aと車Bとがぶつかったところへ，車Cがぶつかることである．AとBとがぶつかるので衝突が1つ，それにCがぶつかるので衝突が1つ，あわせて衝突は2つである．だから2重衝突なのだろう．はなはだ論理的である．この事件に関与した自動車の数は3つである．そうすると，何重衝突という数Nは，関与した自動車の数nよりも，1だけ少なく

$$N = n - 1$$

である．3重衝突には4台の自動車が関与する．

AとBとがぶつかっているところへ，CがやってきてAにもBにもぶつかることもあるだろう．それは2重

図 2-1　　図 2-2

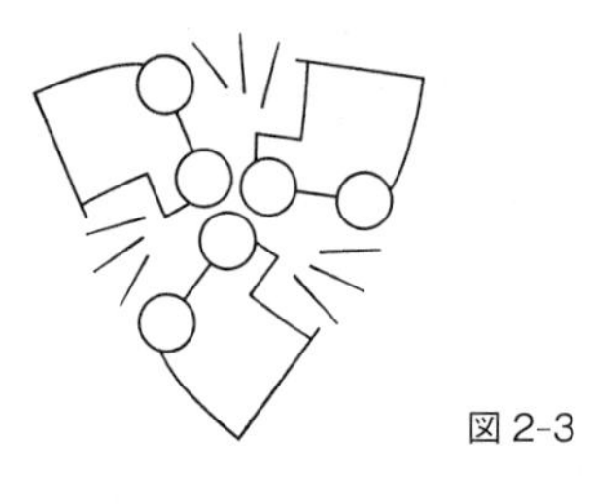

図 2-3

衝突なのか，3 重衝突なのか．衝突は，A と B，C と A，C と B との 3 つがあるのだから，理屈からいえば 3 重衝突というべきであるかもしれないが，はたしてどうであろうか．

もしも，これを 3 重衝突ということにするならば，関与する自動車の数が n であるときには，$(n-1)$ 重よりももっとたくさんの衝突が起こりうる．何重かという最大の数 N は，n から 2 つずつとる組み合わせであるから

$$N = \frac{n(n-1)}{2}$$

である．自動車が 10 台あれば，45 重衝突までありうるという理屈になる．

電気ストーブのスイッチ

この間，電気ストーブを買ったら，その能書きに，4 段きりかえと書いてあった．ところが，スイッチは 3 つしかついていない．スイッチ 3 つで 4 段きりかえとはこれいかにと，考えこんでしまったのだが，よく見ている

表 2-1

切	○			
300 W		○		○
500 W			○	○
結　果	切	300	500	800

表 2-2

切	○							
A		○			○	○		○
B			○		○		○	○
C				○		○	○	○

うちになるほどと思った．スイッチは，切と 300 W と 500 W の 3 つである．この 3 つのスイッチの使い方であるが，なるほど，次のような 4 とおりがある．スイッチがはたらいているのを○であらわすと，表 2-1 のように，ストーブは，1）切，2）300 W，3）500 W，4）800 W の 4 つの状態がありうる．なるほどこれなら 4 段である．

この流儀でいくと，切の他に A, B, C の 3 つスイッチをつけると，きりかえの数は表 2-2 のようにふえて，8 段きりかえになる．

切の他に A, B, C, D の 4 つのスイッチをつけると，16 段きりかえになる（表 2-3）．もっとも，この 16 段のうちに同じワット数になるのがあったら，それだけ実数はわり

表 2-3

切	○															
A		○				○	○	○				○	○	○		○
B			○			○			○	○		○	○		○	○
C				○			○		○		○	○		○	○	○
D					○			○		○	○		○	○	○	○

びきされることになる．スイッチを 1 つふやすだけで 16 段きりかえなどといっておどろかすのも面白いかもしれない．

テンビンの分銅

これに関連して思い出されるのは，テンビンの分銅の組み合わせである．ふつうは

1 g，2 g，2 g，5 g，10 g，10 g，20 g，50 g

というような組み合わせになっている．こうしておけば 1 g きざみで 100 g までの目方を全部つくることができる．しかしこれだって，こういう組み合わせでなければならないという数学的理由があるわけではない．たとえば

1 g，2 g，4 g，8 g，16 g，32 g，64 g

とすれば，7 個の分銅で 1 g きざみで 127 g までの目方を全部つくることができる．これは計算機の 2 進法と関係のあることであるのは，いうまでもない．

まだ他にもいろいろな組み合わせが考えられる．分銅を目方の順にならべて番号をつけたとき，n 番目の分銅の目方 M_n が，$(n-1)$ 番目までの分銅の目方の和 $\sum_{s=1}^{n-1} M_s$ よ

りも1g大きくなっていればよい．すなわち

$$M_n = \sum_{s=1}^{n-1} M_s + 1$$

のようにすればよいのだから，つぎのような組み合わせが考えられる．

$\boxed{1, 2}, 4, 8, 16, 32, 64, 128, \cdots$

$\boxed{1, 2, 3}, 7, 14, 28, 56, 112, \cdots$

$\boxed{1, 2, 3, 4}, 11, 22, 44, 88, \cdots$

$\cdots$

月給袋の中の構成

数をかぞえるといえば，月給日に事務室で各人の月給を袋に仕分けしている光景は面白い．10000円札，5000円札，1000円札，500円札，100円貨，50円貨，10円貨，5円貨，1円貨の9種類のかたまりをつくっておいて，月給に応じてそれぞれのかたまりから，所要の数だけ，札なり貨幣なりをとってくるのである．たとえば，月給が56,789円であるならば，その構成の1つは

10000円	5	50円	1
5000円	1	10円	3
1000円	1	5円	1
500円	1	1円	4
100円	2		

である．会計係は銀行へ行ってお金を受け取り，各人に仕分けるわけだが，そのとき銀行からは全体として，何円札

表 2-4

	10000 円	5000 円	1000 円	500 円	100 円	50 円	10 円	5 円	1 円	
A	5	1	1	1	2	1	3	1	4	56,789
B	6	1	2	1	3	1	4	0	0	67,890
和	11	2	3	2	5	2	7	1	4	124,679

を何枚，何円貨幣を何枚とってくるべきか．これにはちょっと頭をひねるのだろうと思ったが，考えてみればわけないことである．話を簡単にするために，A, B 2 人の月給だけとしておこう．月給は

A	56,789 円
B	67,890 円
和	124,679 円

であるとしよう．このとき，合計は 124,679 円だが，それを

10000 円	12	50 円	1
5000 円	0	10 円	2
1000 円	4	5 円	1
500 円	1	1 円	4
100 円	1		

という構成で銀行からとってきたのでは，A, B 両君にわけることはできない．ではどうすればよいか．それは両君それぞれの月給袋の構成を考えて，表 2-4 のようにして求めるより仕方がない．

そして，和という欄に出ている数だけそれぞれのお金をとってこなければならないのである．5000 円札 2 枚と

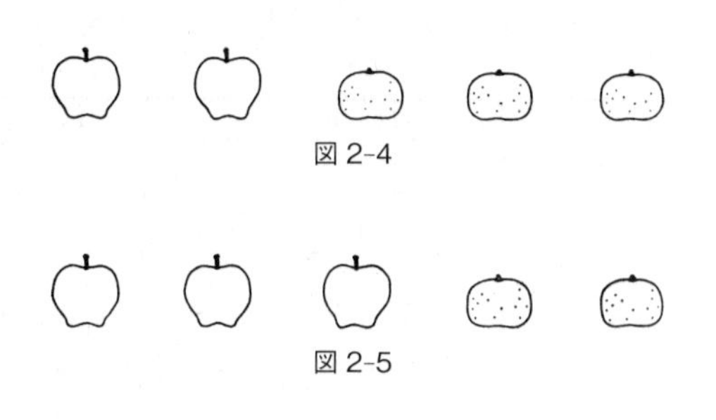

図 2-4

図 2-5

いうことと10000円札1枚ということとは，この場合には等価ではない．同様に，500円札1枚と100円貨5枚とは，この場合には等価ではない．つまり，足し算をしても，桁上がりがないのである．ここには，9種類のお金があるわけで，A君の月給もB君の月給もそれぞれ9次元空間の1点によってあらわされる．だから銀行へ行ってお金をとってくるときには，ベクトル的に考えて，各成分ごとに足し算をして考えなければならない．総額の問題ではないのである．

みかんとりんご

いまここに

A） りんご2つ みかん3つ（図 2-4）

のかたまりと

B） りんご3つ みかん2つ（図 2-5）

という2つのかたまりA, Bがあるとする．これをいっしょにすれば

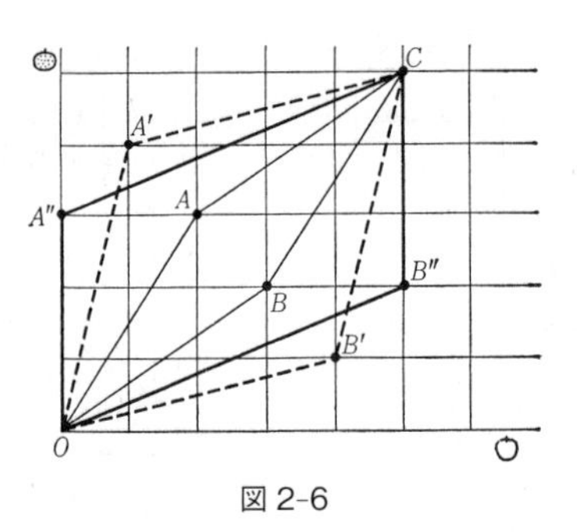

図 2-6

C)　りんご5つ　みかん5つ

になる．いっしょになったかたまり C における構成を知ろうというならば，この足し算も図 2-6 のように，ベクトル的に A と B とを加えなければならない．つまり，みかん軸と，りんご軸とは独立であって，各成分ごとに足し算をしなければならないのである．このことは，月給袋の場合と似ている．もうちょっと気取るならば，複素数の場合と似ている．

$$x = a+bi$$
$$y = c+di$$

ならば

$$x+y = (a+c)+(b+d)i$$

であるのと同じことである．

足し算がベクトル的であることを考えにいれれば，どういう2つのかたまりをいっしょにすれば，（みかん5）（りんご5）になるかを求めることはわけない．図から

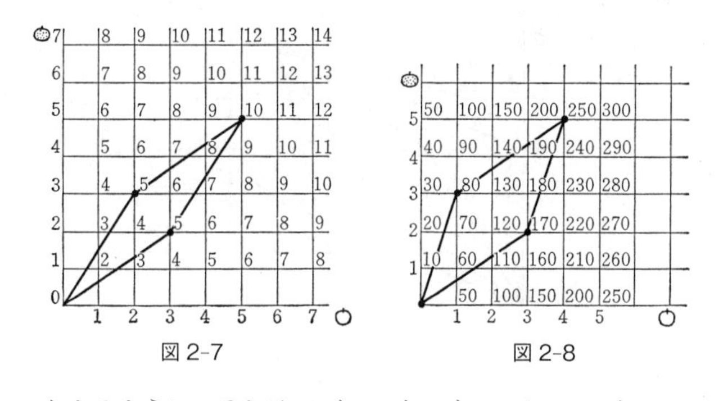

図 2-7　　図 2-8

わかるように，それは A' と B' とでもいいし，A'' と B'' とでもいい．

おわりに

足し算はベクトル的だが，ふつうのベクトルとちがう点もある．物理などにでてくるふつうのベクトルでは，対角線 OC の長さというものが，合力だとか何だとか，はっきりした意味をもっている．しかしこの（みかん)(りんご）のベクトルでは，対角線 OC の長さは，現実的な意味をもっていないようである．

もしも，りんごとみかんとをあわせた総数（上の例では 10）もいっしょに求めたいというならば，図 2-7 の各格子点に総数を書き込んでおけばよいだろう．こうすれば，たとえば，総数を 10 にするような組み合わせは，何と何であるかということもすぐわかる．

格子点に書き込む数は，一般に $f(x, y)$ であれば何でもよい．たとえば，値段でもよい．もしもりんごが 50 円，みかんが 10 円ならば，図 2-8 のようになる．

こうしておけば

(りんご 3)(みかん 2) は 170 円で

(りんご 1)(みかん 3) は 80 円で

それをいっしょにすれば

(りんご 4)(みかん 5) で 250 円

であることがわかる．

またここに (りんご 1)(みかん 3) だけあるが，あと，りんごをいくつ，みかんをいくつ買えば総額が 200 円になるか，ということもすぐわかる．

月給袋の話も，みかんとりんごの話も，要するに各成分でそれぞれ足し算をせよということである．会計係や果物屋が，ベクトル加法をやっていると思ったら，少々愉快になった．

3. 風呂の数学

2000年前に，アルキメデスが，王様の黄金の冠の難問を解いて，はだかで風呂をとび出して以来，風呂はいろいろの物語に登場している．はだかになって風呂に入り，ひとりでゆっくりあたたまっていると，頭も身体もほぐれてきて，いい考えが浮かんでくるのだろう．また，風呂自身がいろいろ面白い問題を提供するということもあるだろう．

きれいな湯にするには

温泉につかっていると，湯がたえず流れこんでいて，浴槽にはいつも湯がいっぱいにたたえられている．そしてきれいな湯が流れこみ，よごれた湯があふれていくようにみえる．そこで，手足をのばしてゆっくり風呂につかっているという寸法になる．ところが，これでは浴槽の中の湯はなかなかきれいにはならないという話である．

いま，はじめ浴槽の中にはよごれている湯が入っているとしよう．その湯を小さい桶（容積 V）で1ぱいくみだしてこぼし，その代わりに同じ分量のきれいな湯を入れるとする．浴槽の容積は1としておく．こういうことを1回やれば，浴槽の中に残っているよごれた湯の量は

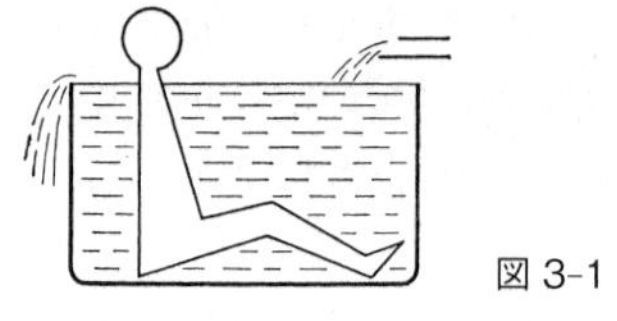

図 3-1

$(1-V)$ になる．よごれた湯の濃度が $(1-V)$ になったわけだから，つぎの桶 1 ぱいでくみ出されるよごれた湯の量は，

$$(1-V)V$$

であり，浴槽に残っているよごれた湯の量は，

$$\begin{aligned}(1-V)&-(1-V)V\\ &=(1-V)^2\end{aligned}$$

となる．同じことをもう 1 回やると，浴槽に残っているよごれた湯の量は，

$$\begin{aligned}(1-V)&-(1-V)V-(1-V)^2V\\ &=(1-V)\{1-V-(1-V)V\}\\ &=(1-V)^2(1-V)\\ &=(1-V)^3\end{aligned}$$

となる．

一般に n 回くり返せば，浴槽に残っているよごれた湯の量は，

$$(1-V)^n$$

である．

V が 1 にくらべて非常に小さければ，これは

$$1-nV$$

にほとんど等しい．V を 0.10，0.01，0.001 として，よごれた湯が半分になるまでの回数 n を求めてみよう．

$$0.5=(1-V)^n$$

から

$$\log 0.5 = n\log(1-V)$$

$$\therefore \quad n=\frac{\bar{1}.69897}{\log(1-V)}=\frac{-0.30103}{\log(1-V)}$$

である．

$$\begin{aligned}\log(1-0.1) &= \bar{1}.95424=-0.04576\\ \log(1-0.01) &= \bar{1}.99564=-0.00436\\ \log(1-0.001) &= \bar{1}.99957=-0.00043\end{aligned}$$

から計算して

$$\begin{aligned}n_{0.1} &= 6.6\\ n_{0.01} &= 69\\ n_{0.001} &= 700\end{aligned}$$

となる．たとえば $V=0.001$ の小さい桶だと，きれいな湯を $0.001\times700=0.7$ も使ったのに，湯のよごれは半分にしかなっていないということになる．これではずいぶん割りが悪い．きれいな湯をなるべく少ししか使わないことにするという注文を出せば，V を大きくするよりほか仕方がない．$V=0.5$ とすれば，1回のくみ出しでよごれは半分になり，きれいな湯の量も 0.5 ですむ．

しかし，$V=0.5$ としても，よごれた湯の量は，1回ごとに 1/2，1/4，1/8，1/16，1/32，… となっていくだけである．だから，よごれた湯の量を 1/1000 にするに

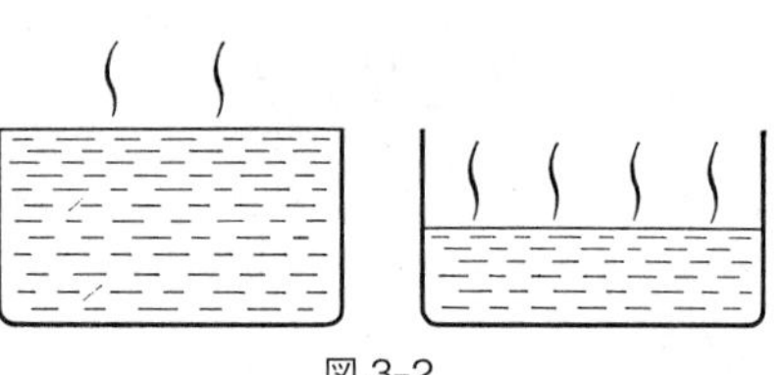

図 3-2

は 10 回もかかることになる．しかもきれいな水は 0.5×10＝5 もいることになる．これはいかにもばかばかしい．浴槽の湯をできるだけ経済的にきれいにするには，いっぺん全部あけて，きれいな湯を新しく入れなおすのがいい．しかもはやい．人をくった結果だがどうも仕方がない．

湯口から少しずつきれいな湯が出ていると，浴槽の湯がいかにもきれいであるような気がするが，これは心理的な錯覚であるらしい．

風呂のわかし方

つぎに風呂のわかし方の問題である．たとえば 10°C の水を 40°C の湯にわかすのに，10°C の水全体を 40°C にわかすのがよいか，水の分量を半分にしておいてそれを 70°C までわかし，その後 10°C の水を等量だけまぜて 40°C にするのがよいかという問題がある．これは，水の表面から熱が発散されることに関係がある（図 3-2）．

空気の温度は一定であるとする．湯の温度との差を T とし，熱の発散は T に比例して kT であるとすれば，湯の温度（気温との差）の方程式は，

$$\frac{dT}{dt}=\frac{Q}{V}-\frac{kT}{V}$$

である．Q は燃料によって単位時間に与えられる熱量，V は水の体積（水の比熱，密度は両方とも 1.0）である．この方程式を解けば，

$$T=\frac{Q}{k}(1-e^{-\frac{kt}{V}})$$

である．温度 T は指数的に変化する．$t\to\infty$ になれば，$T\to\frac{Q}{k}$ になる．発散がなくて，k が 0 に近づけば，

$$T=\frac{Q}{k}(1-e^{-\frac{kt}{V}})\fallingdotseq\lim_{k\to 0}\frac{Q}{k}\left(1-1+\frac{kt}{V}\right)=\frac{Qt}{V}$$

となり，T は時間に比例して高くなる．これは当然である．全体の温度を 40°C にする場合と，半分の湯を 70°C にする場合とを考えるのに，空気の温度は両方とも 10°C であるから，温度の上昇はそれぞれ，30°C と 60°C とである．そうなるまでの時間を t_1, t_2 とする．また体積は V と $V/2$ である．よって，

$$30=\frac{Q}{k}(1-e^{-\frac{k}{V}\cdot t_1})$$

$$60=\frac{Q}{k}(1-e^{-\frac{2k}{V}\cdot t_2})$$

である．両辺どうし割って，

$$\frac{1}{2}=\frac{1-e^{-\frac{k}{V}\cdot t_1}}{1-e^{-\frac{2k}{V}\cdot t_2}}$$

であることがわかる．k が小さいとすれば，$e^x \fallingdotseq 1+x+\frac{1}{2}x^2+\cdots$（$x \ll 1$）を用いて，これは

$$\frac{1}{2}=\frac{t_1-\frac{k}{2V}\cdot {t_1}^2}{2t_2-\frac{2k}{V}\cdot {t_2}^2}$$

となる．$k/V=\alpha$ とおいて変形すれば

$$\frac{1}{2}=\frac{t_1-\frac{\alpha}{2}{t_1}^2}{2(t_2-\alpha {t_2}^2)}$$

すなわち

$$t_1-\frac{\alpha}{2}{t_1}^2=t_2-\alpha {t_2}^2$$

となる．両辺をあらわす曲線は図 3-3 のとおりであるから，両辺を等しくさせるためには

$$t_2 > t_1$$

であることがわかる．つまり半分の体積の水を 70°C にする方が，時間がかかることになる．けっきょく損だということになる．やはり風呂ははじめから，たくさん入れてお

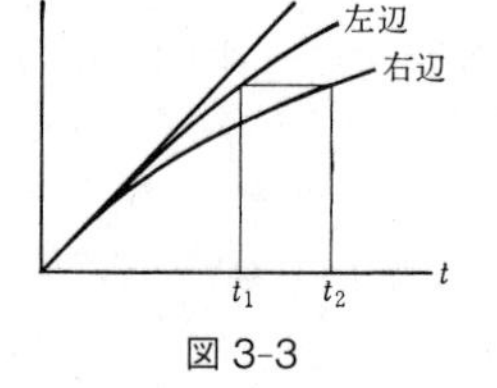

図 3-3

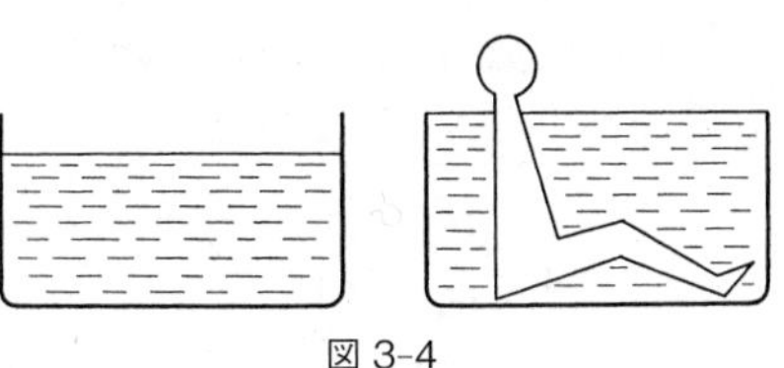

図 3-4

いて，それを目的の温度にする方が経済的である．

理想的な湯の体積

風呂に入ったときに，湯はまさにこぼれるくらい浴槽いっぱいで，自分はちょうど首のところまでつかるというのが，理想的であろう．そのためには，はじめ浴槽にどれだけの体積の湯をわかしておいたらよいか（図 3-4）．

風呂の全容積…V

首から下のからだの体積…v

とすれば，浴槽にわかしておくべき湯の体積は $(V-v)$ である．これはあたりまえのことだが，湯の深さを問題にすると，ちょっとやっかいなことになる．

簡単のために，浴槽は円筒形で半径は R であるとする．さらに簡単のために，人のからだもこけしみたいに円筒形で，半径は r であるとする（図 3-5）．おかしな風呂だがお許しをねがおう．

この場合には

$$\pi R^2(h-H)=\pi r^2 h$$

である．よって

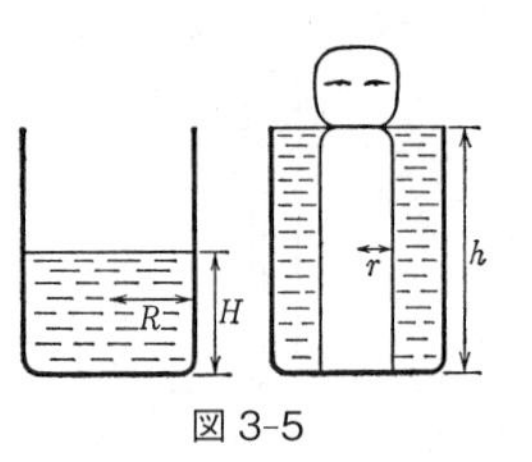

図 3-5

$$H = h\left(1 - \frac{r^2}{R^2}\right)$$

ということになる．図 3-6 を見てほしい．

こけしが細くて $r \ll R$ ならば，$H \fallingdotseq h$ で，はじめから浴槽をほとんどいっぱいにしておかなければならない．こけしが太くて，$r \fallingdotseq R$ ならば，$H \fallingdotseq 0$ でもいいということになる．こんな風呂ではちっともあたたまらないだろうが，理屈はこういうことになる．足をちょっと湯に入れただけで，もう首のところまでくるのだから，面白い．

図 3-7 のように，こけしが湯の面にふれはじめてから，x だけ中に入ったときに，こけしの下から y までのところまで湯がきたとすると，

$$\pi r^2 x = \pi(R^2 - r^2)(y - x)$$

である．すなわち

$$y = \frac{R^2}{R^2 - r^2} x$$

ということになる．速さになおして

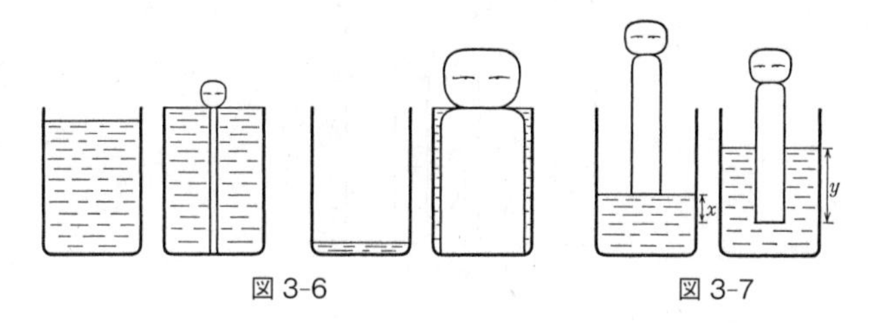

図 3-6　図 3-7

$$\frac{dy}{dt} = \frac{R^2}{R^2 - r^2}\frac{dx}{dt}$$

としてもよい．これは，からだと沈める速さと，湯の面の上がる速さとの関係を示すわけである．r が非常に小さければ，

$$\frac{dy}{dt} = \frac{dx}{dt}$$

で，からだを沈める速さと，からだに対して湯が上がる速さとは等しい．これは湯の表面が一定のところにあるということであって当然である．

r が大きくなると，$\frac{dy}{dt} > \frac{dx}{dt}$ となり，からだに対して湯が上がる速さが大きくなる．湯があついときは，これでは困る．

風呂に入るとき，足の方は速く入れるが，腰のあたりは比較的ゆっくりするのは，r のちがいを考えて，$\frac{dy}{dt}$ を一定にする，という無意識の調整であるかもしれない．

4. 勝負と確率

勝負の面白さ

およそ勝負と名のつくものは，強い方が勝つと昔からきまっている．というよりも，勝つ方を強いというのだろう．これが強いということの定義であろう．しかし，勝負の種類によっては，そこに偶然というエレメントが入り込んでくる．それの入り込む度合によって，みる方の興奮もかわってくる．手に汗をにぎるような場面というのは，両方の力がせりあって，ちょっとした偶然が勝負をきめるというときであるような気がする．

野球でも，10 対 1 なんていう試合が面白くないというのは，偶然の神様がどんなにいたずらをしても，もはや奇蹟は起こらないからであろう．野球でいちばん面白いのは，4 対 3 とか，6 対 5 とかいうところである．それは，勝負を決定することに対して，偶然が演ずる割合が大きくなるからではないだろうか．ピッチャーの投げるタマのコースが何センチそれるかどうかによって，ストライクになったり，ボールになったりする．バッターの打ったタマが 1 メートル高いか低いかによって，ホームランになったり，ならなかったりする．そしてそれが勝負に直結する．そこを観客がワーワーいってたのしむのである．

ボートレースのような勝負は，いわゆる実力からみて，勝負がもうはじめからきまっているようにみえる．その道の人からみれば，それはそれなりに面白い見方もいろいろあるのだろうが，どうも一般うけはしないようである．

偶然というエレメントが，見る勝負を面白くすることは確かなようである．しかし，まったく偶然だけで勝負が決定されるというのでは，これもまた面白くない．いわゆる実力と偶然とのかねあい，ほどよいかねあいが，見る勝負を面白いものにするかどうかを決定するのであろう．

このことを逆にいえば，勝負をまったく偶然のものとして取り扱ってみた場合と，実際とがどのくらいあっているか，ちがっているか，ということを調べることによって，偶然がどのくらい入り込んでいるかという程度，あるいは偶然ではない程度を見積もることができるように思われる．

プロ野球で，野球はアベレージのゲームである，ということがよくいわれている．これは，単に1つや2つの試合では，偶然が入り込むからほんとの実力はわからない，ということを意味しているのだろうと思う．ただし，いまのペナントレースのように，1つの相手と26回の試合をすれば，その数で十分であるかどうかは，また別問題である．

相撲の星取表

こんなことを考えていたころ，ちょうど相撲の春場所が

表 4-1

勝数		15	14	13	12	11	10	9	8	7	6	5	4	3	2	1	0	計
力士数	春場所	0	1	0	1	1	3	7	6	2	5	5	1	2	1	0	0	35
	初場所	0	0	1	1	2	2	5	11	3	5	2	1	2	1	1	0	37
計		0	1	1	2	3	5	12	17	5	10	7	2	4	2	1	0	72
‰		0.0	13.9	13.9	27.8	41.7	69.5	166.7	236.1	69.5	139.0	97.2	27.8	55.6	27.8	13.9	0.0	1000

表 4-2　(左右を平均して)

勝数	15	14	13	12	11	10	9	8	7	6	5	4	3	2	1	0
‰	0.0	13.9	20.8	41.7	34.8	83.4	152.8	152.8	152.8	152.8	83.4	34.8	41.7	20.8	13.9	0.0

表 4-3　(2 項分布)

勝数	15	14	13	12	11	10	9	8	7	6	5	4	3	2	1	0
‰	0	0.5	3.2	13.9	41.6	91.6	152.8	196.4	196.4	152.8	91.6	41.6	13.9	3.2	0.5	0.0

すんで，新聞に星取表がでた．相撲というのは，1対1の勝負であって，どちらかが勝ち，どちらかが負ける．偶然という立場からいえば，貨幣を投げて，表がでるか，裏が出るかという場合と似ている．そこでまず15日の中で，何勝の力士が何人いるかという統計をとってみた．その結果は表4-1のとおりである．この新聞には，初場所の成績も書いてあったので，それもあわせて調べた．

確率の立場によるならば，15日でn勝ということと，15日でn敗ということ，すなわち$(15-n)$勝ということとは同格である．だから，表4-1で太線のところ，すなわち8勝7敗と，7勝8敗の境のところを折目にして，左右を重ねてたして平均してもいいはずである．そうすれば，統計は表4-2のようになる．

準備はできた．この分布が，2項分布とあうかどうかということがつぎの問題である．2項分布であるとすると，この分布は表4-3のようになるはずである．

この2つの分布をグラフにあらわすと，図4-1の●○のようになる．大きくみれば，2本の曲線はよく一致しているといえるだろう．ただ目立ってちがうところが2つある．

(1)　実際の相撲では，8勝，7勝の頻度が，2項分布にくらべて，少ない．

(2)　実際の相撲では，14勝（負），13勝（負），12勝（負）の頻度が，2項分布にくらべて多い．

この多い分だけ，2項分布の8勝や7勝の頭をつぶして

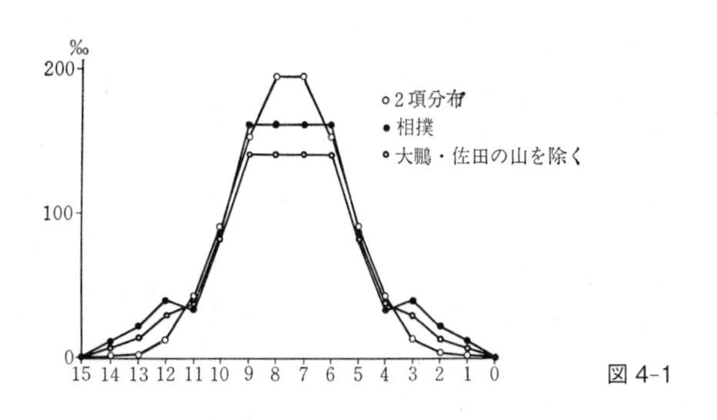

図 4-1

いるようである.

これらはいったいどういうわけであろうか.

強すぎる大鵬と佐田の山

14勝（負），13勝（負），12勝（負）したのは

初場所　佐田の山　　（青ノ里）（房錦）

春場所　大鵬　佐田の山

であって，大鵬や佐田の山のように例外的に強いのがいるということが確率的分布を狂わせているのだろうと思う．大鵬と佐田の山とを除いてみると，統計は表4-4のように変わる．除いてみるといっても，この2人の星をどけるだけで，その他の力士が大鵬，佐田の山とやった星はそのままにしておくのであるから，少々ごまかしである．

こうやってみると，分布の裾の方にあったこぶはかなりきれいにとれてしまう．そして2項分布に近いものになる．しかし，分布の中央のあたりで，実際の分布が2項

分布よりも平たくなっていることは解消しない．なぜ平たくなっているのか，その理由は私にはちょっと解りかねる．ともかく，抜群の数人をどけて考えると，2項分布に近いものになるということは，相撲の勝負に偶然的のものが多いというか，各力士の実力が非常に近いものであるというか，そういうことを示しているのだろうと思う．

上位と下位

それならば，相撲の取組で，上位のものと下位のものがやったときに，勝負はどうなっているだろうか．上位のものが勝つというのがふつうであろうが，はたして実際にもそうなっているであろうか．いいかえれば番付というものが，ほんとに実力の順に並んでいるだろうか．もちろん病気とか調子とかいうものがある．しかし全体としてみたときに，上位と下位の勝敗はどうなっているのだろう

表 4-4（大鵬，佐田の山を除く）

勝数		15	14	13	12	11	10	9	8	7	6	5	4	3	2	1	0	
力士数	春場所	0	0	0	0	1	3	7	6	2	5	5	1	2	1	0	0	33
	初場所	0	0	0	0	2	2	5	11	3	5	2	1	2	1	1	0	35
	計	0	0	0	0	3	5	12	17	5	10	7	2	4	2	1	0	68
左右を平均して		0	0.5	1	2	2.5	6	11	11	11	11	6	2.5	2	1	0.5	0	
‰		0	7.4	14.7	29.4	36.8	88.2	161.7	161.7	161.7	161.7	88.2	36.8	29.4	14.7	7.4	0	

か．

今年の春場所について，その数を調べてみると，つぎのようになっている．

上位のものに勝った数　113
下位のものに勝った数　146

これでみると，番付の順位というものは，かなりの程度まで実力の順位をあらわしているといってよいようである．しかしこの場合でも，大鵬と佐田の山がやはり問題になる．この2人は横綱だから，相手はみな自分よりも下位のものである．この2人の勝数をあわせると26もある．そこで，この2人をどけてみると

上位のものに勝った数　113
下位のものに勝った数　120

となって，ほとんど同じになってしまう．

春場所の成績に関する限り，大鵬と佐田の山が例外であって，この2人を除けば，あとは実力が非常に近いということになるのではあるまいか．

もしも勝負がまったく偶然であるならば，1人の力士にとって，勝率の平均は長い間に0.5に近づくであろう．しかしそれでは番付を上ったり下ったりするだけで，大関になったり，関脇になったりする力士はいないことになる．それが間違いであることはいうまでもない．つまり平均としての勝率が$(0.5+\alpha)$という力士が上位に定着するということになるのであろう．このαがどんなに小さいものであっても，このαが何よりも大切なのである．0.5をち

ょっとでもでるか，でないかということが力士にとってギリギリの生命線なのであろう．だからざっとみて，相撲の勝負が2項分布に近いからといって，これはすべて確率的であると判断するのはいけない．

偶然の場合に近いには近いけれども，それとはどうちがうか，たとえそのちがいが小さくても，そこが面白く大切なところなのではあるまいか．もしも完全に偶然だというならば，それはルーレットか，ダイスみたいなことになってしまうであろう．そしてスポーツ愛好者を興奮させることはないであろう．

完全試合

そうはいっても，いろいろな勝負の分布が大ざっぱにみて確率的なものと非常によく似ているのは驚くべきことである．そのよい例が，野球の完全試合というものである．完全試合というのは，相手のチームのランナーを1人もださないで勝ってしまうことである．ヒットもエラーも四球もなくて，$3 \times 9 = 27$ 人のバッターをつぎつぎにかたづけてしまうというのであるから，たいへんなことである．だからもしもこれをやりとげたならば，それは投手にとって最大の名誉であるのはいうまでもない．

この完全試合というのは，もちろんそう度々おこるものではない．日本のプロ野球ではだいたい1000の試合について1回しかおこっていない．さてこの1000に1という割合であるが，これは，1人のバッターがアウトになる

表 4-5

1人のバッターがアウトになる確率	完全試合がうまれる確率	試合いくつについて完全試合がうまれるか
0.70	0.000066	15200
0.72	0.00014	7110
0.74	0.00029	3400
0.76	0.00061	1650
0.78	0.0012	820
0.80	0.0024	410

確率の27乗である．1人のバッターがアウトになる確率は，だいたい0.7か0.8の程度であるが，それの27乗は表4-5のとおりで，だいたい0.001のオーダになるのである．これは実際の値とほとんど同じである．

ここで面白いことは，完全試合の数については，このように確率的の考えでだいたい説明はつくのであるけれども，完全試合という偉業をなしとげたのは，日本で名投手とか大投手とかいわれる人達であるということである．もちろん完全試合をなしとげたので，ますます名投手といわれ，ますます大投手といわれるという点もあるけれども，そういうことがなくてもすでに名投手であり，大投手である人が完全試合をなしとげるということは，注目に値する．

相撲の場合もそうであったが，ことがらがだいたいは確率的にはこぶのであるけれども，それからわずかでもはずれてすぐれた人がその名誉をになうのである．

このような考え方は勝負のことについてだけではない．もっと本式の話がある．実はそのほんとの話の方が面白いのである．たとえば，地震のおこり方などという問題がそれである．

地震のおこり方を統計的に調べて，ポアソン分布だとか，ヒステリシスがあるとかいう議論をする．しかし私の考えるところでは，そういう分布によくあうというのでは話はそれでおしまいである．むしろ問題は，そういう分布とどのくらい合わないか，という点であるように思われる．合わないという程度が小さいものであっても，そこにこそ秘密がかくれているように思うのである．相撲や野球をひきあいにだしたのは，話をわかりやすくするだけのためであった．私がほんとにいいたかったのは，この最後にのべた考え方だったのである．ある考え方による統計からどのくらいはずれているかということにこそ，ものの本質をみきわめる秘密がかくされているということを，私は固く信じている．

（これは1965年に書いたものであって，資料は古い．しかし新しい資料を使っても，結論は同じことである．）

5. 王と江藤

1965年のプロ野球の日本シリーズは，4対1で巨人の優勝ときまった．いまとなっては気のぬけたビールみたいな話で面白くないが，お許し願いたい．

セントラルリーグで，終わりのころ最大の話題となったのは，何といっても，巨人の王と中日の江藤との打率争いであった．1つの試合ごとに，打率が上がったとか下がったとか，王が抜かれたとか，抜きかえしたとか，文字どおりしのぎをけずっていた．野球ファンもワイワイさわいでいるのだから，当人たちはそれこそ身の細る思いだったろう．

もしも王が，打率でも1番になったなら，いわゆる三冠王という最大の名誉を担うわけであった．ホームランの数，打点の数，打率と，この3つで3つとも1番になるのが三冠王であるが，これは何としてもたいへんなことである．

打率の差

リーグ戦の終わりのころ，王と江藤との打率争いは，じつにはげしかった．打率の差が何毛というときもあった．そんなときには，ヒット1本打つか打たないかで，どちらかの打率が上になったり下になったりするのであった．あの頃の数字をみていて，びっくりしたことがある．それは，打数 H と安打の数 h とはこの2人についてずいぶんちがうのに，打率 h/H でくらべると，ほとんど等しいような組み合わせがじつに多いということであった．

式で書けば

$$\frac{h(\mathrm{O})}{H(\mathrm{O})}-\frac{h(\mathrm{E})}{H(\mathrm{E})}=\Delta \qquad \left(\begin{array}{l}\mathrm{O}\cdots\text{王}\\ \mathrm{E}\cdots\text{江藤}\end{array}\right)$$

の Δ が非常に小さいような H,h (整数) の組み合わせが，意外に多いということであった．王と江藤とが，まさかそのことを承知して打っているわけでもないだろうが，Δ が非常に小さいのには驚いた．たとえば

	H	h	h/H
O	324	108	0.3333
E	415	138	0.3325

では，Δ はわずかに8毛である．

打数 H と安打数 h とを座標軸にとる．実際にとりうる点は，この平面における（整数・整数）の格子点である．ある打数 H とある安打数 h とで与えられる点◉と原点とを結ぶ直線の勾配 $\tan\alpha$ は h/H であって，これが打率を与えることはいうまでもない．

そこで，上記の Δ が小さいということは，ある格子点と原点とを結んで直線をひいたときに，その直線に非常に近い格子点が他にもたくさんあるということである．H

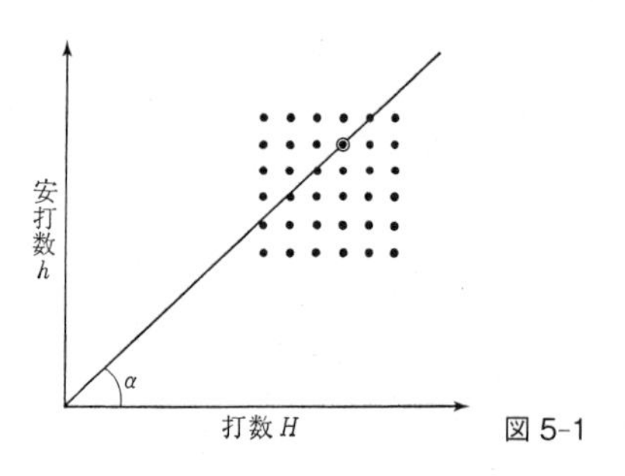

図 5-1

や h の値がかなり大きくなればこれも当り前であるように思われるが，H が 200 とか 300 とかいう程度の数のときにも，こういうことがあるのは面白い．

これも degeneration（縮退）の 1 種であろうか．振動の問題を取り扱うときに，$\sqrt{m^2+n^2}$（m, n は整数）というものが問題になることがある．このとき

$$1^2+7^2=50$$
$$5^2+5^2=50$$

というように 2 乗の和が等しくなって degenerate することがある．一般に $m^2+n^2=S\pm\Delta$ としたときに，S を与えて，小さな Δ を指定したときに，この degeneration の組はいくつくらいあるのであろうか．

打率の場合でも

$$\frac{h}{H}=p\pm\Delta$$

として，p を与えて，小さな Δ を指定したときに，この

degenerationの組はいくつあるのであろうか．野球の場合には，H, h はもちろん整数であり，しかも H はたかだか500までの大きさである．

王が江藤に追いつくには

王と江藤との打率争いというのは，打数，安打の H, h 平面において，勾配 $\tan\alpha_{\mathrm{O}}$，$\tan\alpha_{\mathrm{E}}$ を大きくする競争である．あるときにおける状態が図5-2のようであったとしよう．

そして王の方が打数も少なく，打率も低かったとしよう．すなわち

$$H_{(\mathrm{O})} < H_{(\mathrm{E})}$$
$$\tan\alpha_{\mathrm{O}} < \tan\alpha_{\mathrm{E}}$$

であったとしよう．さらに江藤の属する中日チームには残り試合がなく，王の属する巨人チームには試合がまだ残っているとしよう．さて，その残りの試合で，王は何打数で何本の安打を打てば，打率において江藤を抜くことができるか．

図5-2のような記号を使えば，その最低条件はつぎのように書くことができるだろう．

$$\frac{h_{(\mathrm{O})} + h'_{(\mathrm{O})}}{H_{(\mathrm{O})} + H'_{(\mathrm{O})}} = \tan\alpha_{\mathrm{E}}$$

すなわち

$$h_{(\mathrm{O})} + h'_{(\mathrm{O})} = \{H_{(\mathrm{O})} + H'_{(\mathrm{O})}\}\tan\alpha_{\mathrm{E}}$$

である．あるいは

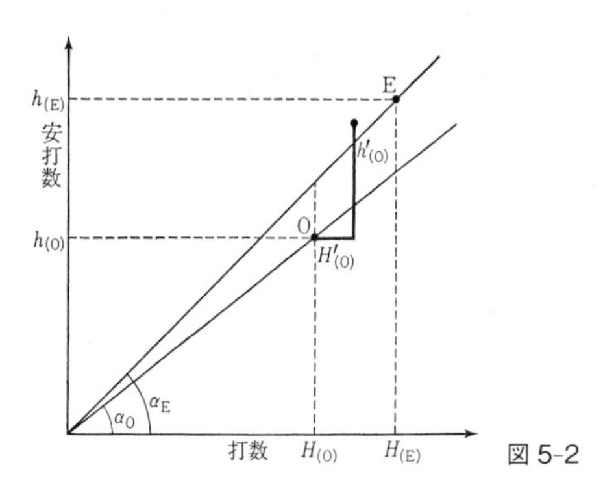

図 5-2

$$h'_{(\mathrm{O})} = H_{(\mathrm{O})} \tan \alpha_{\mathrm{E}} - h_{(\mathrm{O})} + H'_{(\mathrm{O})} \tan \alpha_{\mathrm{E}}$$

である．右辺をことばで書けば，

（江藤の打率だったら，現在の王の打数で安打は何本か）
－（現在の王の安打数）
＋（江藤の打率だったら，王の今後の打数で安打は何本か）

ということである．これ以上打たなければ，王は江藤を抜くわけにはいかない．

王にとって最悪の条件は，残りの全打数を全部安打しなければならないというところに追いつめられることである．それは，打数と安打数とが等しく

$$h'_{(\mathrm{O})} = H'_{(\mathrm{O})}$$

ということである．そのときは

$$H'_{(\mathrm{O})} = H_{(\mathrm{O})} \tan \alpha_{\mathrm{E}} - h_{(\mathrm{O})} + H'_{(\mathrm{O})} \tan \alpha_{\mathrm{E}}$$

である．すなわち

$$H'_{(\mathrm{O})}=\frac{H_{(\mathrm{O})}\tan\alpha_{\mathrm{E}}-h_{(\mathrm{O})}}{1-\tan\alpha_{\mathrm{E}}}$$

である．右辺の分子は，（江藤の打率だったら，現在の王の打数では何安打か）−（現在の王の安打数）という差である．かりに $\tan\alpha_{\mathrm{E}}=0.33$ としてみると $H'_{(\mathrm{O})}$ としてつぎのような値が得られる．

差	$H_{(\mathrm{O})}\tan\alpha_{\mathrm{E}}-h_{(\mathrm{O})}$	0	1	2	3	4	5	6	7	8	9	10
王の打つべき安打数	$H'_{(\mathrm{O})}$	0	2	3	5	6	8	9	11	12	14	15

$H'_{(\mathrm{O})}$ は，王が今後打たなければならない安打数である．王は敬遠の四球が多いから，1回の試合の打数はせいぜい3くらいである．もしそうだとすれば $\{H'_{(\mathrm{O})}\div 3\}$ が試合数である．そしてその全打席に安打を打たなければならないのである．試合数が $\{H'_{(\mathrm{O})}\div 3\}$ よりも少なくなったら，絶望である．

王が安打を何本打ったら打率がどうなって江藤を抜くか抜かないかとかいう計算は，新聞のスポーツ欄にも出ていた．しかし，それは一つ一つやってみるというやり方である．私の理論（!!）では，江藤の打率だったら，現在の王の打数では何安打かということに目をつけ，それと現在の王の安打数との差を問題としたところに，独創性（!!!）がある．

かりに，江藤が180打数60安打で打率が0.333であったとする．また王は120打数30安打で打率は0.250であったとする．江藤の打率でいえば，120打数ならば40安打である．それにくらべると，王の安打は，10本だけ少ない．だから，上の表によると，王はこれから15打数15安打しなければならない．そうすれば，

打数は　$120+15=135$

安打は　$30+15=45$

となり，打率は

$$\frac{45}{135}=0.333$$

となり，江藤に追いつくのである．

上の計算では，全打数全安打というように最悪の場合に王が追い込まれたせっぱつまった場合を考えた．それほどでなく，まだ少し余裕があるような場合には，つぎのようになる．今後，全打数全安打でなくても，rという打率でいくとすれば，

$$h'_{(\mathrm{O})}=rH'_{(\mathrm{O})}$$

であるから，

$$rH'_{(\mathrm{O})}=H_{(\mathrm{O})}\tan\alpha_{\mathrm{E}}-h_{(\mathrm{O})}+H'_{(\mathrm{O})}\tan\alpha_{\mathrm{E}}$$

すなわち

$$H'_{(\mathrm{O})}=\frac{H_{(\mathrm{O})}\tan\alpha_{\mathrm{E}}-h_{(\mathrm{O})}}{r-\tan\alpha_{\mathrm{E}}}$$

となる．たとえば$r=0.5$とすれば，今後王が打たなければならない打数$H'_{(\mathrm{O})}$と打たなければならない安打数$rH'_{(\mathrm{O})}$はつぎのようになる．

前と同じように，江藤が180打数60安打，王が120

$H_{(O)}\tan\alpha_E - h_{(O)}$	0	1	2	3	4	5	6	7	8	9	10
$H'_{(O)}$	0	6	12	18	24	30	36	42	48	54	60
$rH'_{(O)}$	0	3	6	9	12	15	18	21	24	27	30

打数30安打であったとすれば，上の表から $H'_{(O)}=60$, $rH'_{(O)}=30$，すなわち王はこれから60打数で30安打しなければならないことがわかる．

だから，もしも残り試合の数から考えて，打数がもうそれだけないというのならば，打率の上で，王が一番になることはできないということになるわけである．

以上の議論は，打率についてであった．しかし，これをチームの勝率の問題にそのままあてはめることができる．この場合には，打数を試合数，安打数を勝利数と読みかえればよい．

（これも1965年に書いたものであって，王と江藤では話が古い．しかし新しい資料を使っても結論は同じことである．）

6. ストロボとバーニア

ストロボの効果

自動車が走っているところを映画でみると，車輪の回転がおかしくみえることがある．進んでいくのと反対の向きに車輪がまわったり，またときには車輪が少しもまわらないで自動車だけがすべっていくようにみえることさえある．いわゆるストロボ効果である．

車輪のスポークが n 本あって，回転角速度は ω であるとしよう．そのときには，時間が

$$\tau = \frac{2\pi}{\omega n}$$

あるいはその整数倍たつごとに，車輪はもとと同じ図形にもどる．だから，これを映画に撮影するとして，そのコマとコマとの間の時間を，この τ に等しいか，あるいはその整数倍にするならば，これを映写したときに車輪は止まっているようにみえる．

それでは，車輪の回転の角速度がこれよりも少し速いか遅いかで，つぎのコマに撮影されるときに，上のようにきちんと，もとにもどっていなかったらどういうことになるであろうか．

かりに，車輪の角速度が少し速かったとしよう．そのと

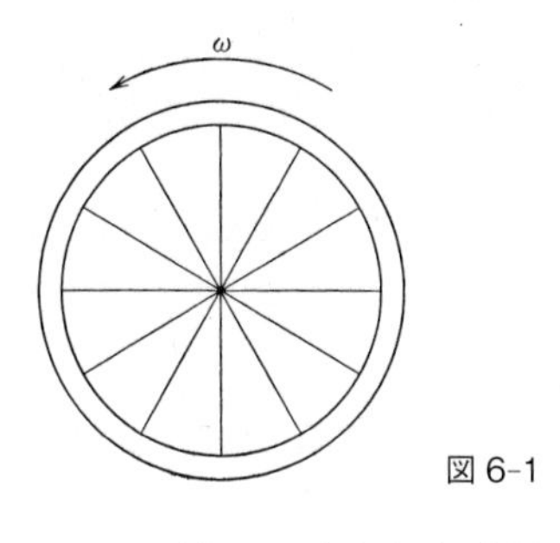

図 6-1

きに，映画の1コマごとに，すなわち時間にしてτごとに，スポークは合同図形に対して，$\Delta\alpha$だけ前進している(図6-2)．そしてそういうことをくりかえして，$2\pi/n\Delta\alpha$コマだけたったとき，もとの図形にもどったようにみえるだろう．このコマの数$2\pi/n\Delta\alpha$をNとしよう．

1コマごとに前進する角度$\Delta\alpha$というのは，$\omega\tau$と，$2\pi/n$の差である．だから

$$N = \frac{2\pi}{n\Delta\alpha} = \frac{2\pi}{n\left(\omega\tau - \dfrac{2\pi}{n}\right)}$$
$$= \frac{2\pi}{n\omega\tau - 2\pi} = \frac{1}{\dfrac{n\omega\tau}{2\pi} - 1}$$

である．よって

$$\frac{2\pi/\omega}{n\tau} = \frac{N}{N+1}$$

と書くこともできる．左辺の分子$2\pi/\omega$は，車輪が実際に

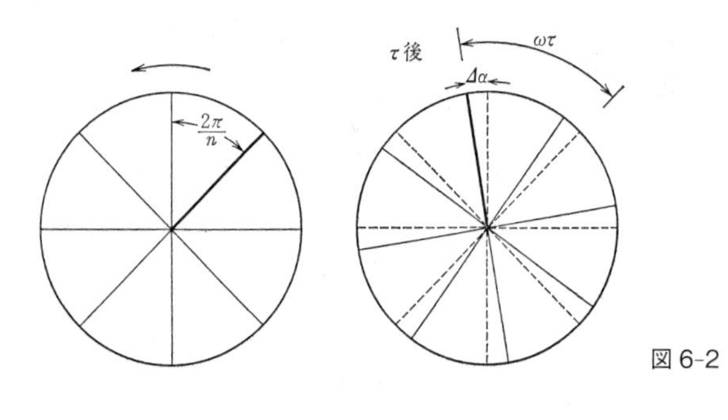

図 6-2

1 回転するに要する時間である．左辺の分母 $n\tau$ は，n コマの撮影に要する時間である．この両者の比が $N/(N+1)$ だというのである．だからこれは $n\tau$ というものを単位として，車輪回転の周期をはかっていると考えてよい．

さて，この比 p は

$$p = \frac{N}{N+1}$$

という形をしている．これは実験家にとっては，じつに有難い形なのである．それの有難味は両辺の対数の微分をとってみればわかる．すなわち

$$\frac{\Delta p}{p} = \frac{\Delta N}{N} - \frac{\Delta N}{N+1} \fallingdotseq \frac{\Delta N}{N^2}$$

であって，右辺では分母が N^2 となっているのである．だから，かりに $N=10$ コマ，$\Delta N=1$ コマ，すなわち何コマたったらもとの図形にもどるかという測定の精度がわるくて，$\dfrac{\Delta N}{N}$ は $\dfrac{1}{10}$ であっても，$\dfrac{\Delta p}{p}$ は $\dfrac{1}{100}$ の精度になる

のである．いわば，あらっぽい目盛のものさしを使っても，精密な読み取りができるということになる．こんなうまい話はない．

この秘密は $N/(N+1)$ という形にある．一般に３桁の精度の数を３桁の精度の数でわれば，その商の精度はやはり３桁であるといわれている．それは一般的にはもちろん正しい．たとえば

$$\frac{122}{456} = 0.2681$$

$$\frac{123}{456} = 0.2697$$

$$\frac{123}{455} = 0.2703$$

などで，分子や分母を１だけかえると，商は小数以下３桁目で変動する．

ところが，$N/(N+1)$ という商はそうではない．

$$\frac{124}{125} = 0.99200$$

$$\frac{123}{124} = 0.99194$$

$$\frac{122}{123} = 0.99187$$

などで，分母，分子を１つずつかえてみても５桁目で変動するだけである．分子と分母とが独立ではないから，こういううまいことになるのである．

重力 g の測定

重力 g を測定するのに，重力振子の自由振動周期 T を利用するという方法がある．

$$T \propto \frac{1}{\sqrt{g}}$$

であるから

$$\frac{\Delta T}{T} = -\frac{1}{2}\frac{\Delta g}{g}$$

である．g の値を，たとえば 980.123 というように小数以下 3 桁のところまで定めようとすれば

$$\frac{\Delta g}{g} \fallingdotseq 10^{-6}$$

である．したがって

$$\frac{\Delta T}{T} \fallingdotseq -5 \times 10^{-7}$$

となる．$T \fallingdotseq 1\,\mathrm{sec}$ とすれば，これは 1000 万分の 5 秒，すなわち 200 万分の 1 秒の精度で測らなければならない，ということを意味する．これはたいへんなことである．

そこで，われわれはつぎのようなうまい手段を考える．重力振子の周期を 1 秒に近いものにしておいて，それの振動を正確に 1 秒ごとに観測するのである．こうすれば，映画の自動車と同じことで，1 秒の観測ごとに振子の位置が少しずつ狂ってみえる．そしてその狂いがつもりつもって，振動 1 回分になって，はじめと同じ位置にみえる．そうなるまでの時間 C を測るのである．そうすれば，前

とまったく同じ理屈で

$$T = \frac{C}{C+1}$$

である．両辺の対数をとって微分すれば

$$\frac{\Delta T}{T} = \frac{\Delta C}{C} - \frac{\Delta C}{C+1} = \frac{\Delta C}{C(C+1)} \fallingdotseq \frac{\Delta C}{C^2}$$

となる．$|\Delta T/T| \fallingdotseq 5\times 10^{-7}$ にしなければならないというのだから

$$\frac{\Delta C}{C^2} = 5\times 10^{-7}$$

である．さて，C が 50 秒程度のものであるとすると

$$\Delta C = 50\times 50\times 5\times 10^{-7} \fallingdotseq 10^{-3}$$

となるから，C の長さを 0.001 秒程度の精度できめればよいということになる．0.001 秒といえば，そんなにむずかしい測定ではない．そのくらいの測定をすれば，振子の周期が 1000 万分の 5 秒まできまるというのだから，こんなうまい話はない．

たとえば

$$C_1 = 50.123 \quad のとき$$

と

$$C_2 = 50.124 \quad のとき$$

とをくらべてみると

$$T_1 = \frac{C_1}{C_1+1} = 0.9804393$$
$$T_2 = \frac{C_2}{C_2+1} = 0.9804397$$

となっている．C において 0.001 秒の誤差があっても，T における誤差は 5×10^{-7} 秒以下になっているのである．

$$\frac{\Delta T}{T} = \frac{\Delta C}{C^2}$$

の式をみて，あるいはこういわれるかも知れない．それなら，C をもっともっとずっと長くすればいいではないか．たとえば C を 10^3 秒くらいにすれば

$$\Delta C = 5\times10^{-7}\times10^6 = 0.5$$

となって，0.5 秒の精度で C を測れば，T が 1000 万分の 5 秒までもわかることになるではないか．

帳面づらはまさにそのとおりである．しかし実際はそうはいかない．というのは，この場合には 1 回ごとの狂いが小さいから，どこでもとと同じ位置にもどったかという判定が非常にあやしくなるからである．

ストロボの応用

上にのべたのが，ストロボの精神である．数学的にいえば，$C/(C+1)$ の微分が，$1/C^2$ というように，分母が 2 乗の形になるということである．だから C を 0.001 秒まで測るだけで，振子の周期が 5×10^{-7} 秒の桁まで求めら

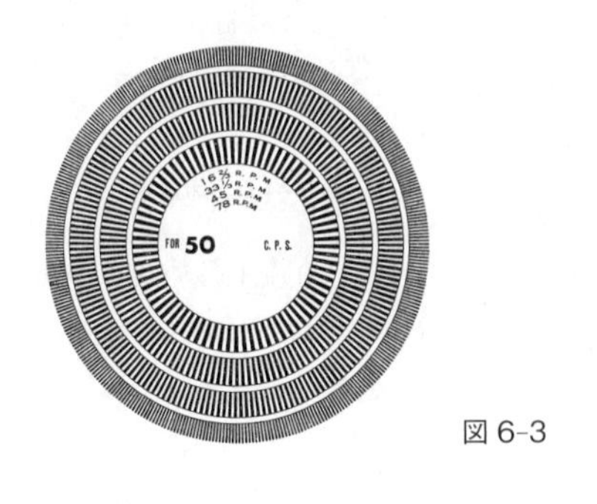

図 6-3

れるというような芸当ができるのである．

レコードのプレーヤーに，図 6-3 のような板をのせて，回転の速さを調節するのに利用することがある．これも，ストロボのもっとも直接的な応用である．あれは，電燈線の 50 サイクル（関西では 60 サイクル）と，円盤とに，ストロボをやらせているのである．ただしあの場合は，円盤の回転速度を測っているというよりは，むしろ一定の与えられた速度にするための工夫である．

こういううまい考えは，じつは方々に使われているのである．絃楽器の調子をあわせるときに，うなりを利用しているのは，ご承知のとおりである．

$$x_1 = \sin pt$$
$$x_2 = \sin p't$$

という 2 つの振動があるとき，それを合成してできる振動 x は

$$
\begin{aligned}
x &= x_1 + x_2 \\
&= \sin pt + \sin p't \\
&= 2\cos\frac{p-p'}{2}t\sin\frac{p+p'}{2}t
\end{aligned}
$$

によって与えられる．これは，p と p' との平均によって振動する振動の振幅が，p と p' との差の半分でゆっくり増減しているとみることができる．p と p' とが近ければ近いほど，振幅の増減はゆっくりである．だから，うなりの回数をへらすように絃の張力を調節する．うなりの回数が 0 になったならば，そのときは $p = p'$ であって，楽器はきちんと調整されたことになる．絃の振動数は 1 秒に何百という程度であるが，うなりが何秒に 1 回であるかというあらっぽい観測によって，絃の振動数を何百分の 1 という精度できめることができるというのは，やはりストロボの精神である．

バーニア

この精神を少し変形してうまく使ってあるのが，副尺（バーニア，Vernier）である．これを発明したのはフランスの数学者ピエール・バーニア（1580-1637）で，その名前がそのまま道具の名前になっているのである．

バーニアは 2 つのものさしからなりたっている．A 尺には s ごと（たとえば 10 mm）に目盛がしてあり，B 尺には s' ごと（たとえば 9 mm）に目盛がしてある．ある物体の長さ（図 6-4 で斜線をほどこしてあるもの）を測

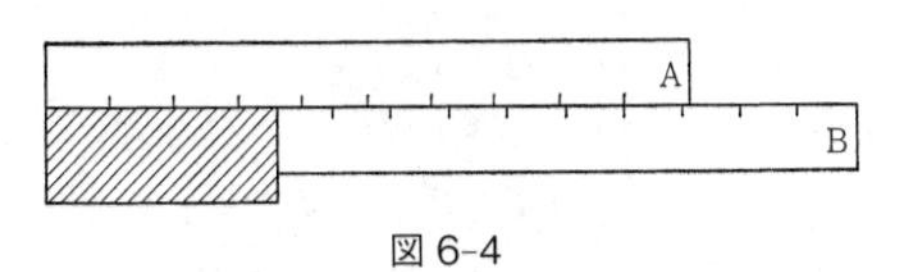

図 6-4

るときに，図のようにバーニアをあてる．そこは，A尺できちんとした目盛のところと一致していない．しかし，A尺とB尺とは，1目盛について1 mmずつちがっているから，A尺の目盛とB尺の目盛とはつぎつぎと近づいてきて，どこかで（図では6のところ）一致する．だから，物体の長さは，A尺の目盛で3.6である．

1 mmというこまかい目盛はないのに，長さが1 mmの精度で求められる．これもやはりストロボ精神である．

その他

ストロボやバーニアの精神は，ものの目方を測る場合にも，おしひろめることができる．ここに$M=(1-m)$ kgの物体が，たくさんある．mは小さい量であるとする．一方，分銅もたくさんあるが，みな1 kgのものばかりだとする．天秤を使って，このものの1個あたりの目方を求めようというのである．分銅は1 kgのものだけしかないのだから，この物体を何個かいっしょにしてちょうどきちんと何kgかになるようにしてつりあわせなければならない．いま物体N個でちょうどP kgであったとする．そうすれば，物体1個あたりの目方は

$$M = \frac{P}{N}$$

である．これがふつうのやり方である．しかし，m が小さいのだから，実は P と N とは独立でなく

$$N = P+1$$

なのである．したがって

$$M = \frac{P}{P+1}$$

なのである．例によって，両辺の対数をとって微分すれば

$$\frac{\Delta M}{M} = \frac{\Delta P}{P} - \frac{\Delta P}{P+1} \fallingdotseq \frac{\Delta P}{P^2}$$

である．ΔP は 1 である．だからもしも P が 100 の近くだったとすると

$$\frac{\Delta M}{M} \fallingdotseq \frac{1}{10000}$$

ということになって，M の精度は 0.1 g ということになる．1 kg の分銅で 0.1 g まで測れるというのだから，たいしたことである．物体 100 個で 99 kg というのと，101 個で 100 kg というのとでは，その差は非常に小さいのである．

$$\frac{99}{100} = 0.9900 \text{ kg}$$

$$\frac{100}{101} = 0.9901\ \mathrm{kg}$$

であって，0.1 g の差しかない．

7. 平均・パーセンテージ

物価騰貴

米の値段が上がる．パンが上がる．水道代が上がる．風呂代が上がる．豆腐が上がる．アガルアガルというと，寒天（agar agar）みたいだが，物価の騰貴（とうき）というのは，寒天がブルブル，グニャグニャしているのに似ていて，つかみどころがない．

いまの物価は戦前にくらべて500倍だとか，このごろの騰貴の割合は1年について十何パーセントだとかいうことをよく聞いたり，見たりする．いったい，それはどういう意味なのだろうか．どれどれの品物について，この割合を算出するのか，もちろんそれには一定のルール——たとえばラスパイレス式というような——がきまっているはずである．まさか，家屋・自動車・電気冷蔵庫から，ほうき，ごみばこ，ちりとりにいたるまで，ありとあらゆる品物を網羅して考えるわけではあるまい．代表的ないくつかの品物を選びだし，それについて調査した結果であるにちがいない．そこまではまあわかるつもりである．わからないのは，それをまとめて，何倍とか，何パーセントとかいうように，割合でいいあらわすという点なのである．なぜ割合でいいあらわすと都合がいいのであろうか．そしてまたその割合とは，そもそも何なのであろうか．

簡単のために，品物がたった2種である場合を考えよう．品物 A の値段が騰貴して，x から $(1+k)x$ になり，品物 B の値段が，y から $(1+l)y$ になったとする．このとき，物価騰貴の割合とは，何を指すのであろうか．それにはいろいろの考え方があると思う．

(1) $\dfrac{1}{2}(k+l)$ これはそれぞれの品物の騰貴の割合を単純に平均したもの．

(2) $\dfrac{kx+ly}{x+y}$ A を1個，B を1個買うのに，以前は $(x+y)$ ですんだが，いまでは $\{(1+k)x+(1+l)y\}$ だけかかる．その差額は $(kx+ly)$ であるから，それをもとの値段で割ってその割合を求めたもの．

(3) $\dfrac{mkx+nly}{mx+ny}$ A を m 個，B を n 個買うものとして，(2) と同じようにして求めたもの．(A を買う人が m 人，B を買う人が n 人としても同じである．)

[$m=n$ ならば (2) と同じことになる．]

(4) k B の品物を買わないで，A の品物だけを買う人にとっては，物価騰貴の割合は k である！

[(3) で $m\to\infty$ としたことにあたる．]

(5) l A の品物を買わないで，B の品物だけを買う人にとっては，物価騰貴の割合は l である!!

[(3) で $n\to\infty$ としたことにあたる．]

(6) 0 A も B も買わない人にとっては，物価は騰貴していない!!!

ちょっと考えてみただけでも，このようにいくとおりものことが考えられる．

新聞やラジオによくひきあいにでるのは，このうちどれかなのであろう．経済の専門家の間では，それはちゃんときまっていることであって，原理的には，上の (3) に近いものであるにちがいない．それは当然そうあるべきなのだが，私のようなしろうとが，ほんとにその意味で受け取っているのだろうか．そこに問題があると思うのである．

もしも仮に，発表される割合というのが (3) であったとしよう．しかし，そのさい実際に家計にひびくのははたして $\dfrac{mkx+nly}{mx+ny}$ という割合なのであろうか．そうではなくて，$(mkx+nly)$ という金額なのであるという議論もなりたつだろう．

たとえば，10円の品物 A の値段が100% 上がって20円になり，100円の品物 B の値段が10% 上がって110円になったとしよう．A を1個，B を1個買うのに，以前は110円ですんだのが，物価騰貴で130円になった．ここで問題になるのは $(130-110)=20$ 円なのではないだろうか．$\dfrac{1}{2}(1.0+0.1)=0.55$ として，騰貴の割合は55% だといったってナンセンスである．逆に A の品物が10% 上がって，B の品物が100% 上がったのだとしたら，話はもっと深刻である．以前は110円ですんだ買物が，こんどは211円になったのだから，問題は

$(211-110)=101$ 円である．$101 \div 110$ は，55% なんていうなまやさしいものではない．

実際の経済の計算がどういうルールで行なわれているか，ということは，いまここではどうでもいいのである．同じくパーセンテージといっても，どういうパーセンテージなのか，そしてそれがすぐ我々の生活に結びつくパーセンテージなのか，また我々にとってはパーセンテージが問題なのか，それとも絶対の金額ではないのか，こういうところに，数学の魔術がひそんでいるように思えてならない．

パーセンテージ

いっぱんにパーセントとか，平均とかいうものは，わかっているようでありながら，ほんとのことは私にはなかなかわからない．いま，○という性質に着目して，表のような統計があったとしよう．

群	○ の 数	○でない数	和
A	a	c	$(a+c)$
B	b	d	$(b+d)$
	$(a+b)$	$(c+d)$	

群 A における ○ のパーセンテージは

$$P(A)=\frac{a}{a+c}\times 100$$

群 B における ○ のパーセンテージは

$$P(B)=\frac{b}{b+d}\times 100$$

である．このとき，A 群と B 群とをいっしょにして考えたとき，○のパーセンテージ $P(A+B)$ は何なのであろうか．それは

$$P(A+B)=\frac{a+b}{(a+c)+(b+d)}\times 100$$

であるというのが多分正解なのであろう．しかしはたしてそうであろうか．

$$P(A+B)=\frac{1}{2}\left\{\frac{a}{a+c}+\frac{b}{b+d}\right\}\times 100$$

ではなぜいけないのであろうか．これではいけないのだといおうとすれば，その説明は一応たやすく与えられる．たとえば A 群と B 群とで母集団の数がちがうからいけないのだといえば，なるほどもっともである．つまり $P(A)$ も $P(B)$ も，少数例から算出されたものであるからいけないというのである．ここから先は，推計学の演習問題みたいなものだが，少数例ならば，パーセンテージということばを使い，割合でものを考えるということそれ自体，たいした意味がない．パーセンテージという表現を使うからには，すでに多数ということが，暗黙のうちに理解されているのではないか．このパーセンテージは，標本の大きさによらず安定なものでなければいけない．逆にいえば，安定なものでなければ，パーセンテージというような表現を使ってはいけないのではないか．もしもそうだとすれば，

$P(A)$ も $P(B)$ も，標本の大きさによらないのだから，

$$a+c=b+d$$

である場合にもその値は同じである．だから

$$P(A+B)=\frac{1}{2}\{P(A)+P(B)\}$$

としたって，ちっとも悪くない場合だってあるだろう．

推計学からいえば，これはもちろんわかりきったことであって

$$P(A)=\frac{a}{a+c}\times 100,\ \ P(B)=\frac{b}{b+d}\times 100$$

というのは，それぞれの母集団のパーセンテージに対する仮説であって，

$$P(A+B)=\frac{a+b}{(a+c)+(b+d)}\times 100$$

というのは，A, B 両群をあわせた母集団のパーセンテージに関する仮説であるといえばいいのだろう．

しかし私がいいたいのは，パーセンテージなどということばを使っておきながら

$$P(A+B)=\frac{1}{2}\{P(A)+P(B)\}$$

はいけないときめつけてしまうことなのである．

これは物価騰貴のところでパーセンテージ攻撃をしたのといささか矛盾するようにみえるかもしれないが，それはそうではない．あれは，パーセンテージでいってはいけないと思われることがらを，パーセンテージの魔術にひっか

けるのを攻撃したのであって，いまのはパーセンテージそのものの話なのである．

雲量5

いったい平均とか，割合とかいうのは，つくづくむずかしいものである．ここにその例がある．

空がどのくらいの割合で雲におおわれているかということを示すのに，雲量という数がある．雲が一つもなくて日本晴れならば，雲量は0，すっかり雲におおわれていれば，雲量は10ときめてあって，その間を10等分してある．ところで実際に統計をとってみると，雲量が0とか1とかいう日と，9とか10とかいう日とが圧倒的に多い．つまりカラリと晴れているか，すっかり曇っているかどちらかが断然多いのである．だから，1年をとおして雲量の平均をとってみると，それは5とか6とかいう数になってしまう．つまり，空半分が晴れ，のこりは雲という答になるのである．しかし，そのような日数がいちばん多いということでは決してない．半分ずつになっているという日はむしろ少ない．こういうときに平均とはどういう意味をもっているのだろうか．いうまでもなく，平均というのは，最小2乗——正規分布——に関係している操作である．ところが，上の雲量のような場合には，極大が雲量0のところと，10のところとに2つあるのだから，通常の意味における平均はそのままでは成り立たない．平均は最多ではないのである．ここにも平均ということの意味にすりかえがある.

平均時速

240 km の距離を自動車でいくのに，前半の 120 km は 40 km/時の一様な速さで，後半の 120 km は 60 km/時の一様な速さで走ったとする．このような走り方をすれば，前半に 3 時間，後半に 2 時間かかるから，あわせて 5 時間である．だから

$$240^{\text{km}} \div 5^{\text{時}} = 48^{\text{km/時}}$$

というのが，いわゆる平均速度なのであろう．ところがガソリンの消費量は速度によってちがう．だから，前半を 40 km/時，後半を 60 km/時で走ったのと，全体として 48 km/時の一定の速さで走ったときとは，ガソリンの消費量はちがう．つまりガソリンの消費量に対しては，48 km/時が平均速度であるというのはあたらない．なんらかの重価平均を考えなければなるまい．

こんなことは当り前きわまることで，今さらこと新しくのべるにも及ばないはずのことなのであるが，実はなかなかそうでない．現に私が困っている問題があるのである．それは地震の話である．

地震の規模

このごろ，地震に，規模 M (magnitude) という量が与えられていることは，御承知のことであろう．これは震度 (intensity) とはまったくちがうものである．光の例でい

えば，規模というのは光度にあたり，源のがらの大きさを示す量である．震度というのは照度にあたり，源からある距離にある場所が，どのくらいの程度にゆれたか，(光の例でいえばどのくらいつよく照らされるか) ということなのである．規模 M は，源から発するエネルギーに関連する量であって，1つ1つの地震について固有のものである．これに対して，震度は源からの距離によるのであって，1つの地震でも場所によってちがう．

さてこの規模 M であるが，M の大きい地震は数が少なく，M の小さい地震は数が多い．ある地域 A をとり，ある年数の間に，規模が M と $(M+\Delta M)$ との間にある地震が $N(M)\Delta M$ 個あったとする．経験によると，図7-1のように

$$\log N(M) = a - bM \qquad (b > 0)$$

という実験式が実にみごとになりたつ．$M=0$ の地震の数の対数が a であって，M が1だけ増すごとに，$\log N$ は b だけ減る．a, b は各地域に特有の常数である．

さてここに A, B という2地域がとなりあっているとし，それぞれについて

$$A\text{ 地域}\quad \log N = a - bM$$

$$B\text{ 地域}\quad \log N' = a' - b'M$$

であるとする．このとき，A, B 両地域をあわせて考えたらどういうことになるか．問題は $\log(N+N')$ がどういう形になるかということである．

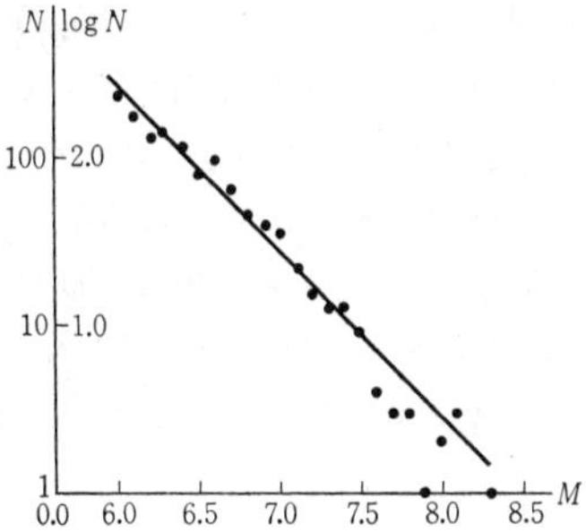

図 7-1

$$N = 10^{a-bM}$$
$$N' = 10^{a'-b'M}$$

であるから

$$\log(N+N') = \log\{10^{a-bM} + 10^{a'-b'M}\}$$

であって，右辺は $(\alpha-\beta M)$ という形にはならない．そこが困るのである．つまり

$$\log N = a - bM$$

という形は，地震の数 N について，重ね合わせがきかない．その意味で，この表現はあまり適当でなかったということになるのかもしれない．しかし一方，この形が，ある1つの地震地域の特性をよくあらわすというのは，実験的の事実なのである．それならどうしたらよいであろうか．

ところで

$$\log N = a - bM$$
$$\log N' = a' - b'M$$

をそのまま加えあわせれば

$$\log N + \log N' = (a+a') - (b+b')M$$

ということになる．数 N では重ね合わせがきかないが，$\log N$ では重ね合わせがきく．そうだとすると，M との関連において物理的に意味のあるのは，地震の数であるよりは，むしろそれの対数 $\log N$ であるのかもしれない．

$$\log N + \log N' = \log(NN')$$

であることを考えると，2つの地域の特性をあわせて考えるということは，地震の数の足し算ではなくて，数の掛け算なのであろうか．そもそも地震の数とはいったい何なのだろうかということになる．

ここで思い出されるのは，ある系のエントロピーとその状態の確率 W との関係である．エントロピーが確率 W の対数に比例すると考えたのはボルツマンであるが，地震の数 N はある意味でこの確率にあたるものであり，$\log N$ がある意味でエントロピーにあたるものであると考えられないこともない．そしてそう考えて $\log N$ に重大な意味を与える方が，地震現象というものを理解するうえでよりよく役に立つのかもしれない．

地震屋は，地震の数 N や間隔 P について統計をこころみて，その起こり方が，ランダムであるとかないとか，ヒステリシスがどの程度だとかいう議論をする．それはみな，数 N そのものの議論なのである．もちろんそれでいいのかもしれない．しかしなぜ $\log N$ や $\log T$ の議論ではいけないのであろうか．

正規分布の問題だって，x が正規分布をする場合もあれば，$\log x$ が正規分布（ログ・ノーマル）をする場合もある．どの量を問題とすべきかということを十分に考えてからでなければ，数をいじくったってたいした意味はない．

震度ゼロ

2〜3カ月前に，ちょっとした地震が東京にあった．気象庁はドッシリした建物が新しくできたばかりで，地震課の人はこれを身体で感じなかった．そこで，震度ゼロと発表した．ところがふつうの建物や住宅に住んでいた人にとっては，かなりの地震だったので，震度ゼロとは何事だと，だいぶ非難された．これも言葉のいきちがいであったように思われる．

気象庁で震度ゼロであったのは厳然たる事実であって，その事実はまげられない．しかしそれが東京一般の代表値であると受け取られたところに問題があったのだろう．これも，やはり平均値とか代表値とかの言葉のいきちがいであるというより他はない．

米びつのへり方

上にのべたいろいろのことは，数学でも何でもなく，“数学ずいひつ”の名にも値しないことはたしかである．むしろ，平均とか，パーセンテージとかいうことの言葉の問題であった．

私は，37年間，東京大学につとめて，一昨年定年でやめた．終わりの10年間，そのうちに定年だナと思う頃は，残りが1年ずつ減っていくように思われた．しかし終わりの2, 3年になると，残りが2/3，1/2と，比で減っていくような気がした．つまり，はじめのうちは差が問題であったが，終わりのころは比が問題であった．米びつも，終わりになると減り方が速いという．あれも同じことなのだろう．

数を持ちだすのはいいが，それがどこまでの意味をもっているか，どれ以上の意味をもっていないかということをはっきり知っておく必要がある．意識しているにしろ，いないにしろ，この段階をおろそかにすると，そこには数字の魔術がしのびこむすきまができるのである．

8. 枡のパズル

枡であそぶ

昔から有名なパズルにこういうのがある．

ここに2つの枡 A, B がある．A の容積は $11\,\ell$，B の容積は $7\,\ell$ である．そしてそのそばには大きいタンクがあって，水がいっぱい入っている．さて問題は，この2つの枡だけを使って，$2\,\ell$ の水を汲み出してほしい，というのである．

これに対する解答の1つはつぎのとおりである．

		A	B
(1)	A に水をいっぱい入れる	11^{ℓ}	0^{ℓ}
(2)	A の中味を B いっぱいまで入れる	4	7
(3)	B の中味を全部すてる	4	0
(4)	A の中味を B にあける	0	4
(5)	A に水をいっぱい入れる	11	4
(6)	A の中味を B いっぱいまで入れる	8	7
(7)	B の中味をすてる	8	0
(8)	A の中味を B いっぱいまで入れる	1	7
(9)	B の中味をすてる	1	0
(10)	A の中味を B にあける	0	1
(11)	A に水をいっぱい入れる	11	1

		A	B
(12)	A の中味を B いっぱいまで入れる	5	7
(13)	B の中味をすてる	5	0
(14)	A の中味を B にあける	0	5
(15)	A に水をいっぱい入れる	11	5
(16)	A の中味を B いっぱいまで入れる	9	7
(17)	B の中味をすてる	9	0
(18)	A の中味を B いっぱいまで入れる	2	7

これで問題が解けた．(18) で A の枡に水が 2ℓ 残っている．この手続きを図に書くと，図 8-1 のように表わされる．

ところが，ここにもう 1 つの表わし方がある．それは x 軸に A の中の水の量，y 軸に B の中の水の量をとるのである．そうすると，上記の 18 の手続きは，図 8-2 のように表すことができる．$P(A=11, B=0)$ から出発して，太線のように途を辿ってゆけば，$Q(A=2, B=7)$ に到着するのである．太線のように辿るというのは左上方に 45° で進み，上辺につきあたったら真下に，左辺にあたったら右にまっすぐ進むというルールに従うことである．この図で，↖ は A から B に水をあけること，→ は A に水をいっぱい入れること，↓ は B の水をすっかりあけてしまうこと，を意味するわけである．

いまのは $A=11$, $B=0$ から出発したが，$A=0$, $B=7$ から出発したらどうなるであろうか．図 8-3 で $R(A=0, B=7)$ から出発して太線のように辿ってゆけば，

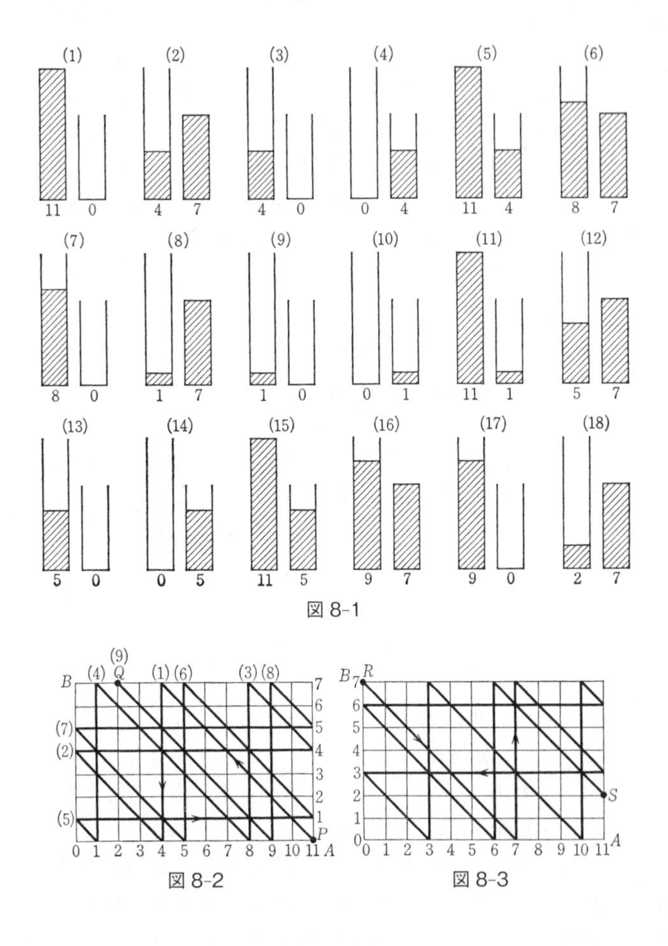
(1) 11 0
(2) 4 7
(3) 4 0
(4) 0 4
(5) 11 4
(6) 8 7
(7) 8 0
(8) 1 7
(9) 1 0
(10) 0 1
(11) 11 1
(12) 5 7
(13) 5 0
(14) 0 5
(15) 11 5
(16) 9 7
(17) 9 0
(18) 2 7
B
A
P
Q
(9)
(4)
(1)
(6)
(3)
(8)
(7)
(2)
(5)
0 1 2 3 4 5 6 7 8 9 10 11
0 1 2 3 4 5 6 7
R
S

図 8-1

図 8-2

図 8-3

$S(A=11, B=2)$ に到着する．こんどの図では，$\searrow$ は B から A に水をあけること，$\uparrow$ は B に水をいっぱい入れること，$\leftarrow$ は A の水をすっかりあけてしまうこと，を意味するわけである．こんどの解の方が手数が少ない．

このようなわけで，図で考えてみれば，枡のパズルはわりあいにやさしくとけてしまう．これはなかなかうまい話である．

図 8-2 に戻ろう．前には，$(A=11, B=0)$ から出発して，$A=2$ になったのでそこでやめたのだが，こんどは，進めなくなるまであゆみをつづけてみよう．そうすると，途は図 8-4 のようになって，最後には $(A=0, B=7)$ に到着する．それ以上は動けなくなる．そしてそれまでには $(A=1, 2, \cdots, 11, B=1, 2, \cdots, 7)$ のすべての格子点を通ってしまっている．だから，$11\,\ell$ の枡と $7\,\ell$ の枡とを使えば，$1\,\ell$ でも $2\,\ell$ でも $\cdots$ $10\,\ell$ でも，全部測りとることができるということになるわけである．しかしどんな場合でもそういくのか．つまりどんな枡を使っても $1\,\ell$ きざみで任意の量を測りとることができるかというと，そうはいかない．

たとえば，A の枡の容積が $8\,\ell$，B の枡の容積が $6\,\ell$ で，はじめ $A=8$，$B=0$ のところから始めたとすると，操作は図 8-5 のようになって，偶数番目の格子点を通るだけでおしまいになってしまう．つまり偶数 ℓ は測りとれるが，奇数 ℓ は，測りとれない．測りとることのできる水の量は，8 と 6 との公約数 2 の整数倍に限るのである．

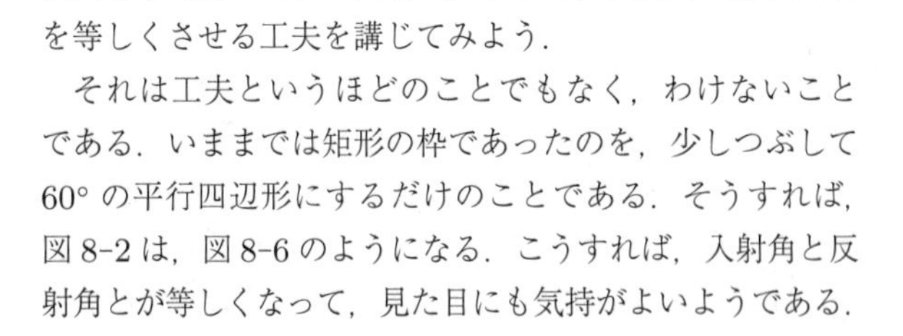

図 8-4　　図 8-5

いいかえれば，1 ℓ きざみで任意の水の量を測りとることができるためには，A の枡と B の枡の容積のリットル数が互いに素であるときに限ることになる．

ちょっと工夫して

さて図 8-2 でも図 8-3 でもみな同じことであったが，線にそって途を辿っていったとき，枠につきあたる度ごとに，方向が変わる．45° で枠にあたったときには，上下または水平に，上下または水平で枠にあたったときには，45° になる．つまり入射角と反射角とが等しくない．これはあまり面白いことではない．そこで，入射角と反射角とを等しくさせる工夫を講じてみよう．

それは工夫というほどのことでもなく，わけないことである．いままでは矩形の枠であったのを，少しつぶして 60° の平行四辺形にするだけのことである．そうすれば，図 8-2 は，図 8-6 のようになる．こうすれば，入射角と反射角とが等しくなって，見た目にも気持がよいようである．

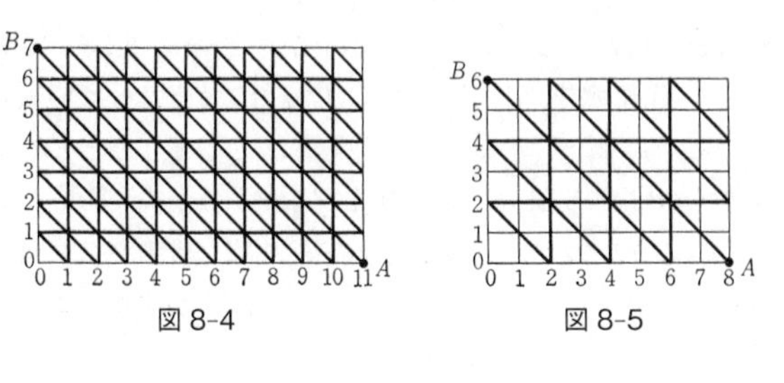

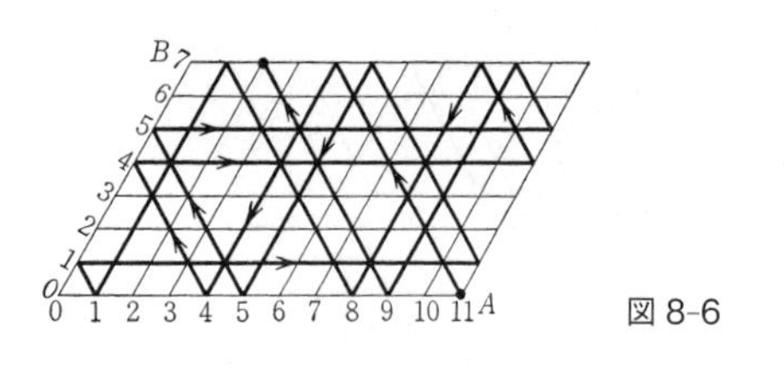

図 8-6

測りとれる量

前に述べたように，A の枡と B の枡の容積のリットル数が互いに素であるならば，1ℓ きざみで任意の量を測りとることができる．これに反して，A の枡と B の枡の容積のリットル数が互いに素でなく，公約数をもっているならば，測りとることのできる量はその公約数の整数倍に限るのである．たとえば 8ℓ と 6ℓ との枡を使えば，2ℓ と 4ℓ としか測りとることができない．

このことを逆に考えれば，v という量を単位として，その任意の整数倍の水を測りとりたいというならば，$\frac{A}{v}$ と $\frac{B}{v}$ とが互いに素でなければならないということになるだろう．たとえば 1.1ℓ と 1.0ℓ の枡を使えば，0.1ℓ きざみで任意の量を測りとることができる．図 8-7 のように $(A=1.1, B=0.0)$ から出発すれば，0.1ℓ きざみのあらゆる格子点を通過するのである．

では，$\frac{A}{v}$ と $\frac{B}{v}$ とが互いに素であるという条件を保ちながら，v をだんだん小さくしていって，極限までいったらどうなるであろうか．“数学ずいひつ”的に考えれ

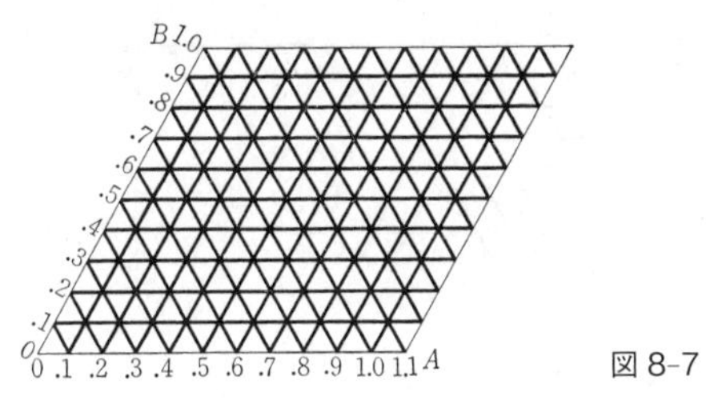

図 8-7

ば，A, B のうち少なくとも1つが無理数になりそうである．単位にとった v が無限に小さいのだから，このような A, B を使えば任意の量を測りとることができるということになりそうである．もっともここから先を本式にいえば，“ずいひつ”でなくなる．任意の量と簡単にいっていいものであるか，それとも，指定された量にいくらでも近い量というべきか，そしてまた，水をあけたり入れたりする操作がけっきょく無限にふえるのだから，測りとることができるといっていいものであるかどうか，これはおあずけしておくことにしよう．

賢明な読者諸君は，すでにお気付きのことであろうが，この問題は統計力学におけるエルゴードの問題に直結してくるのである．エルゴードの問題に深入りするのは，“ずいひつ”の趣旨でもないし，私には荷が重いから敬遠しておくことにしよう．エルゴードの仮説は，タマ突き台でタマのとおる途になぞらえられることがある．タマ台の点がそれぞれ，気体のとっている状態をあらわすのであるが，タマがクッションで反射をくりかえしている間に，タマは任意の1点を必ず1回はとおるということにあたるのである．しかしそれはまちがいで，その点にいくらでも近いところをとおるといわなければならない．そしてそのような状態を準エルゴード的というらしい．

枡のパズルと統計力学とは，面白い組み合わせだが，話が少々むずかしい．そこでこれが地震学にも関係してくるというお話をしよう．

地震のはなし

地震があると，土地はいろいろな周期で振動する．この振動の中には，おのおのの土地に固有なものが含まれている．たとえば東京でいうならば，もとは一つの地震であっても，山の手では周期が短くて，極端にいえばビリビリとした感じである．これに対して下町では周期が長くて，極端にいえばユラユラとした感じである．このような振動は，それぞれの土地の成層状態，それらの層の密度や弾性常数によって規定されるのであって，これを土地の固有振動といっている．固有振動の周期と，その土地にたてられている建物の周期との関係によって，被害の様子がたいへんにちがってくる．

1923年の関東大地震のときに，木造2階建の被害と，土蔵の被害とについて，山の手と下町とでは，表8-1に示すように，たいへんなちがいがあった．

これは，山の手では土蔵の自己振動周期と土地の固有振動周期とが，下町では木造2階建の自己振動周期と土地

表 8-1

		木造2階建全潰百分率	土蔵全半潰百分率
山の手	四谷区	1	20
	牛込区	2	10
	麴町区	1	7
	小石川区	1	7
下町	本所区	13	0
	深川区	15	0
	浅草区	8	1
	神田区	15	1

の固有振動周期とが，近よっていたからである，と説明されている．山の手の土地の固有周期は0.3秒程度，下町の土地の固有周期は0.7秒程度であるに対して，土蔵の自己振動周期は0.3秒程度，木造2階建の自己振動周期は0.7秒程度なのであって，土地の周期と建物の周期との関係によって，被害の様子がかわってくるらしい．

さてこういうことになると，おのおのの土地で，その土地の固有振動周期を測っておくということが大切な問題になってくる．

そこで，そのために都合のよい地震計をつくって，地震のときの振動，あるいはふだんの微動をくわしく調べるという仕事がはじまった．ところが土地の自然の振動というものは，実験室の中の音叉（おんさ）の振動などとはちがって，きれいなものではない．むしろ見た目には不規則に近いのであ

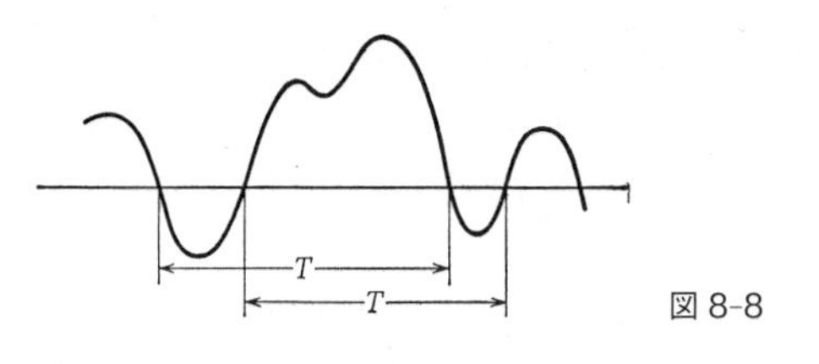

図 8-8

る．その中から固有振動周期をひろいだそうというのだから，おそろしく面倒なことである．周期分析をやるとか，自己相関係数を求めるとか，いろいろきれいな方法があるが，それも材料が山ほどたまってくるとオイソレとは使えない．けっきょく振動曲線がゼロラインをよぎる時刻を順々に読みとって，その差を求めるというはなはだ原始的な方法にたよることになってしまうのである．

このゼロラインをよぎるというのが，実ははなはだくせものなのである．なにしろ相手は不規則なのだから，数学的にそうきれいにはいかない．振動曲線は図 8-8 のようなものなのであるから，何が周期であるのか，実はわけがわからない．そこでともかく，1 つの方法として，曲線が同じむきにゼロラインをよぎる時刻の間隔 T を測ることにする．そこで問題は，その間隔 T がどんな分布になるだろうかということである．この問題を一般的にやったらおそろしく面倒なことになるので，まず一番簡単な場合として，2 つの振動，$a_1\sin\omega_1 t$ と $a_2\sin\omega_2 t$ との組み合わせだけを考えることにしよう（a_1, a_2 は振幅，ω_1, ω_2 は角速度をあらわす）．いま，$a_2 > a_1$ としておく．というよりは，振幅の大きい方を a_2 であらわすことにする．また周期は $T_1=2\pi/\omega_1$，$T_2=2\pi/\omega_2$ である．

この2つの振動を合成した曲線がゼロラインをよぎるのは，

$$a_1\sin\omega_1 t+a_2\sin\omega_2 t=0$$

が満足されるような時刻 t である．

$$\omega_1 t=\theta_1,\ \ \omega_2 t=\theta_2$$

とすれば

$$a_1\sin\theta_1+a_2\sin\theta_2=0$$

である．これから

$$\theta_2=(-1)^n\mathrm{Sin}^{-1}\left(-\frac{a_1}{a_2}\sin\theta_1\right)+n\pi$$

が得られる．Sin^{-1} は主値であって，$n=0$ のとき

$$-\frac{\pi}{2}\leqq\theta_2\leqq\frac{\pi}{2}$$

であるようにとると約束しておく．上の式からわかるように，θ_1 を与えれば θ_2 がきまる．図8-9（a）は，θ_1 と θ_2 の関係を示す曲線を示したものである．

さて，そこで $P_0(\theta_1=0,\theta_2=0)$ から斜めの直線をひく．そしてその勾配は ω_2/ω_1 にとる．この直線はいわば時間軸であって，P_0 を出発した点が一様な速さでこの直線の上を動いていくと考えてよい．そしてこの点が直線にそって進んでいくと，$P_1, P_2, P_3, P_4, \cdots$ などにおいて波形の曲線に交わる．

その交点は

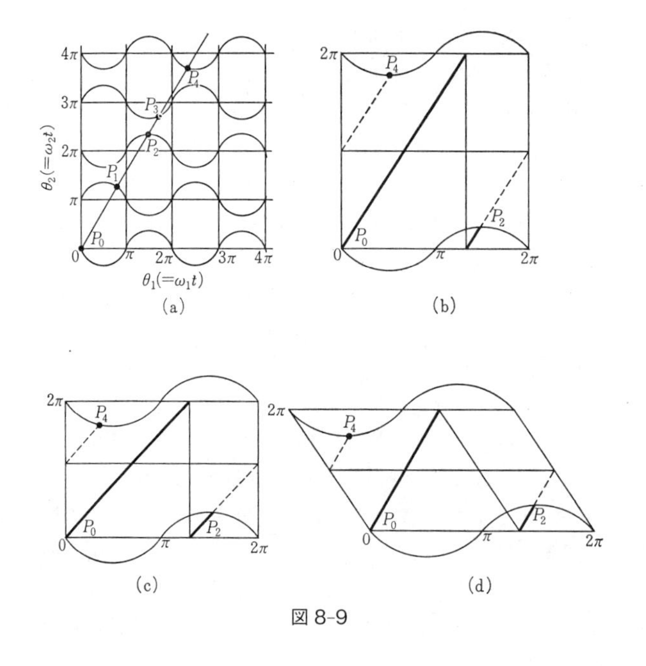

図 8-9

$$\sin \omega_1 t + \sin \omega_2 t = 0$$

を満足するような t を与えるわけである．つまり点が P_0 を出発してから P_2 に達するまでの時間がちょうどこの合成振動がゼロになるまでの時間 T に比例する．同じように，P_1P_3，P_2P_4，… の時間が，合成振動がゼロになる間隔に比例したものになる．だから，P_0P_2，P_1P_3，P_2P_4，… などの長さを全部はかれば，合成振動の見かけの周期の分布がわかるはずである.

さてこの直線が一方にどんどんのびていってしまっては具合が悪いから，θ_1 も θ_2 も 0 から 2π までできってしまって，図 8-9（b）のように，一つの正方形の天地に閉じ込めてしまう．そして ━━ の長さ，----- の長さなどを順々に測っていけば，見かけの周期の分布が求められる．斜めの直線は時間軸である．そしてその勾配は，ω_1 と ω_2 との比によってきまる．だから図 8-9（c）のように直線の勾配を 45° にして正方形の代わりに矩形にして，その辺の比を ω_1 と ω_2 との比にしても同じことである.

しかしこれでは入射角と反射角とが等しくないからまだ不満足である．そこで前の知恵にならって，この四角をおしつぶしてみよう．そうすれば，図 8-9（d）のようになる．これでもよい．こうすれば，問題は，はじめの水の枡の問題と同じことになってしまう．あるいは，タマ突きのタマはどんなところを通るかという問題に帰着する．ω_1 と ω_2 との比がどんな値であるかによって，見かけの周期の分布も変わってくることになる.

結果は重大であって，周期 T_1 の振動と T_2 の振動とを合成して，ゼロラインをよぎる時間間隔の頻度分布を調べると，T_1 とも T_2 ともちがうとんでもないところに極大があらわれることが少なくない．逆にいえば，この種の頻度分布からは，実在の周期がすぐには見出されないのである.

この結論はしかし，この“ずいひつ”にとってはどうでもよいことなのである．ここで私がのべたかったことは，水の枡の問題も，エルゴードの問題も，合成振動の問題も，それを一つのことに結び付けようと思えば結び付くということだったのである．

3つの枡

話がすこしめんどうになって，“ずいひつ”らしくなくなったから，またはじめの水の枡の問題にもどろう．こんどは枡が3つあるとする．そしてこういう問題を考える．

Aの枡の容積は8ℓ，Bの枡は5ℓ，Cの枡は3ℓである．いま，Aの枡に水をいっぱい入れておいて，それから出発して，最後にAの枡に4ℓ，Bの枡に4ℓと等分して残るようにしてほしいというのである．この問題では一番はじめの問題とちがって，枡の中の水をすてるとか，あるいはタンクから入れるとかいうことが許されていない．つまり，水の量の和は一定なのである．

これもタマ突きの問題として考えることができる．答は図8-10からわかるとおりである．この場合には，8ℓのAの枡のことを考えておかなければならないから，両辺が5ℓと3ℓとをあらわす平行四辺形をかくほかに，その対角線に平行に，8ℓをあらわす直線をひいておかなければならない．最後の答に達するまでの操作を整理して書けばつぎのようになる．

矢印は水をあけるという操作を示すつもりである．

こんな問題を考えていったら，きりはないであろう．

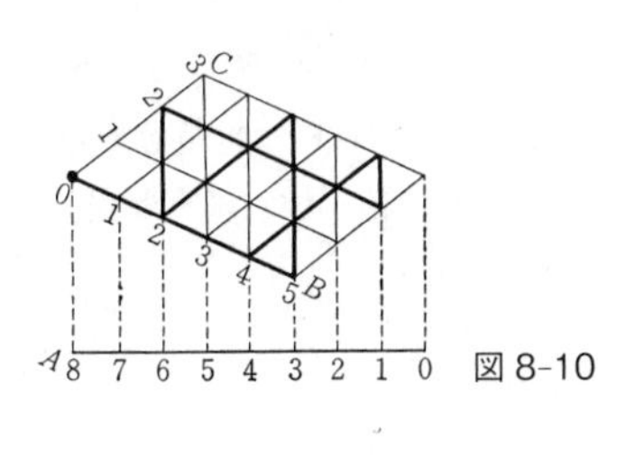

図 8-10

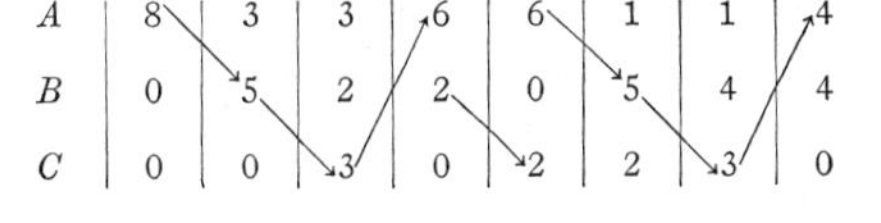

A	8	3	3	6	6	1	1	4
B	0	5	2	2	0	5	4	4
C	0	0	3	0	2	2	3	0

枡の問題も要するにパズルであるに過ぎない．それでもこうやって考えてみると，単なる遊びだけではないようである．タマ突きのタマの軌跡が，タマ台を一様におおうかどうかというようなことになると，本式の数学ともからんでくるようである．

パズルのなかにもこういう高尚（？）なのがある．

（この原稿はScientific American，地震研究所彙報などを参考にして書いた．）

9. 幾何学的の道具

大きな円

円を描くのには，コンパスを使うのがふつうである．あれは円の定義にまことに忠実に従った方法である．まことに忠実な方法ではあるが，コンパスで半径 10 m の大きな円を描けといわれても困る．そんな大きなコンパスは売っていないからである．そんな場合には，長さ 10 m のひもを用意して，一端をとめてグルリとまわすというのが逃げみちだろう．しかし，運動場にこの輪をかくならいざしらず，ノートや，ビラにそれをかけといわれた場合にはどうにもならない．ノートやビラに半径 10 m の全円周をかくことはありえないけれども，その円弧の一部分をかかなければならない場合はちょいちょいある．そんなときに，私が使っているのは，つぎのような方法である．それは，同じ弦の上に立つ円周角は等しいということを利用したものである．

図 9-1 のように，紙の上 A, B 2 点に針を立てる．そして，頂角が α であるように厚紙を切って，その 2 辺を針にピッタリとあてながらすべらせる．そのとき，頂点 C の動く軌跡は円であるから，そこを鉛筆でトレースしていけばよいのである．

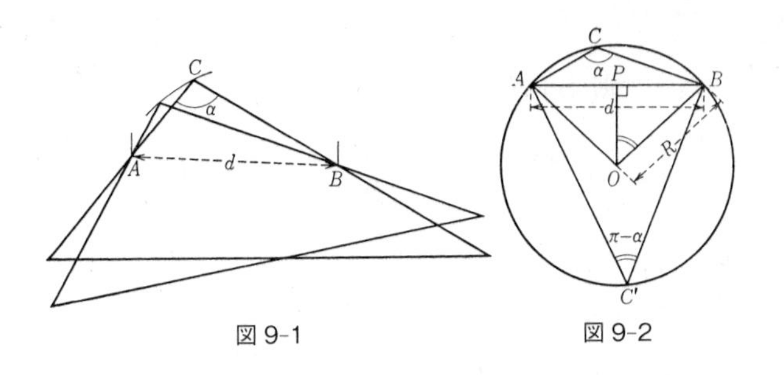

図 9-1　　図 9-2

図 9-2 において，AB の間の距離を d とする．

$$\angle AC'B = \pi - \alpha$$
$$\angle AOB = 2(\pi - \alpha)$$
$$\angle BOP = \pi - \alpha$$
$$\sin BOP = \frac{d}{2R}$$

であるから，

$$\sin \alpha = \frac{d}{2R}$$

である．だから半径 10 m の円弧をかこうとして，針を 50 cm の距離にとめたとすれば，

$$\sin \alpha = \frac{0.5}{20} = 0.025$$
$$\alpha_1 = 178°34',\ \ \alpha_2 = 1°26'$$

とすればよい．この 2 つの角のうち，α_2 をとれば図 9-3 の大きい方の円になり，α_1 をとれば図 9-3 の小さい方の円になる．逆に α の方をきめれば，d がきまる．

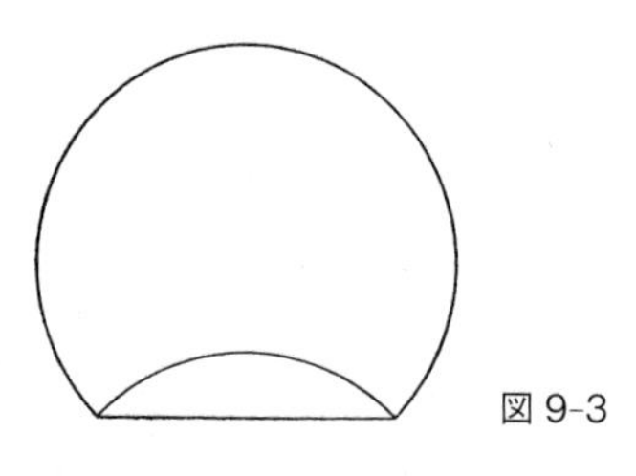

図 9-3

こんなように，ちょっとした工夫でうまくいくことがある．

楕円

つぎにのべるのは楕円のかき方である．

2 点からの距離の和が一定な点の軌跡は楕円であるということを利用して，糸を使って楕円をかく方法は有名である．ところがここにもう一つうまいかき方があるから，それをご披露しよう．

それは，図 9-4 のように，直交する x 軸 y 軸をかき，線分 ABC を両軸に沿ってすべらせていくのである．ただしこのとき，A, B の間の距離はいつも d であるように保ち，そして点 A は x 軸の上を，点 B は y 軸の上をすべらせるのである．このとき，点 C の軌跡は楕円になる．

点 A の座標を $(-X, 0)$，点 B の座標を $(0, Y)$，点 C の座標を (x, y)，AC の長さを l，AB の長さを d とすると，

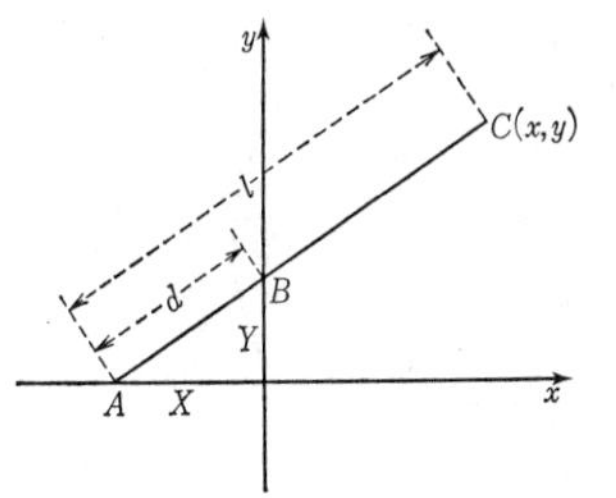

図 9-4

$$\frac{x+X}{X}=\frac{l}{d} \tag{1}$$

$$\frac{y}{Y}=\frac{l}{d} \tag{2}$$

また

$$X^2+Y^2=d^2 \tag{3}$$

である．(1) の式から

$$X=\frac{xd}{l-d}$$

(2) の式から

$$Y=\frac{yd}{l}$$

であるから，これらを (3) の式に代入すると，

$$\frac{x^2}{(l-d)^2}+\frac{y^2}{l^2}=1$$

となり，まさに楕円である．この方法のうまい点は，かこうとする楕円の長径 a と短径 b からすぐに l と d とが求

められることである．すなわち，$l=a$，$d=a-b$ である．針と糸とでかく場合にはちょっとそういうわけにいかない．あの場合には，糸の長さの半分が長径になるというところまではいいが，針をどれだけの距離に立てていいか，ちょっとばかり計算しなければならないという不便がある．

正弦曲線

曲線かきのついでに，正弦曲線のかき方について，ひとことのべておこう．正弦曲線は図 9-5 のようにまるい形にかかれている場合が非常に多いが，大まちがいである．図 9-6 のように，$0°$ で 0.00，$60°$ で 0.90 の 2 点を通る直線と，$60°$ で 0.90，$90°$ で 1.00 の 2 点を通る直線を 2 本かけば，ほとんど正弦曲線になる．それらの直線と，真の $\sin x$ との差 Δ は，表に示してある．すべて 0.05 以下である．これが数表などをひかずに正弦曲線をかく秘法である．“まるい玉子も切りよで四角”とは，このことをいっているのであろうか．

等　分

曲線のことをだいぶかいたから，こんどは直線の問題，任意の長さの線分を任意の数に等分するという問題に移ろう．原稿用紙に 10 cm の幅の表をかくときに，これを 7 等分して 7 行にしたいというようなことにちょくちょくでくわす．ものさしで測って $\frac{10}{7}=1.428\cdots$ ずつとってい

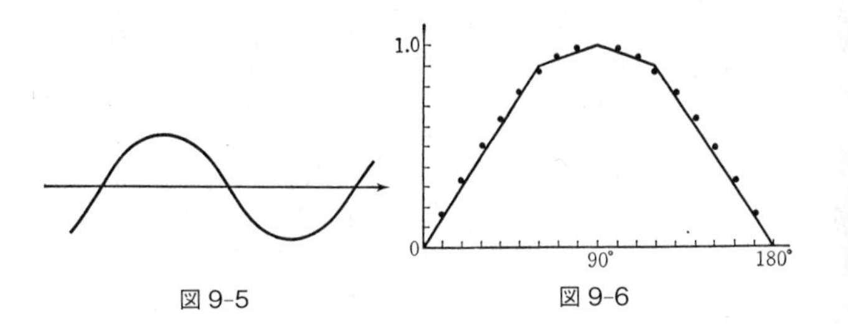

図 9-5　　図 9-6

x	$\sin x$	直線近似	$\|\Delta\|$
0	0.00	0.00	0.00
10	0.17	0.15	0.02
20	0.34	0.30	0.04
30	0.50	0.45	0.05
40	0.64	0.60	0.04
50	0.77	0.75	0.02
60	0.87	0.90	0.03
70	0.94	0.93	0.01
80	0.98	0.97	0.01
90	1.00	1.00	0.00

くのではあまり知恵がない．

簡単でうまいのは，輪ゴムを利用する方法である．輪ゴムを切って1本にして，それが自然の状態になっているとき，たとえば1 cmごとにしるしをつける．10 cmを7等分したいというときには，ゴムをひきのばして，ゴムの7目盛がちょうど10 cmになるようにして，ゴムにつけたしるしに従って，紙にしるしをつければよいのである

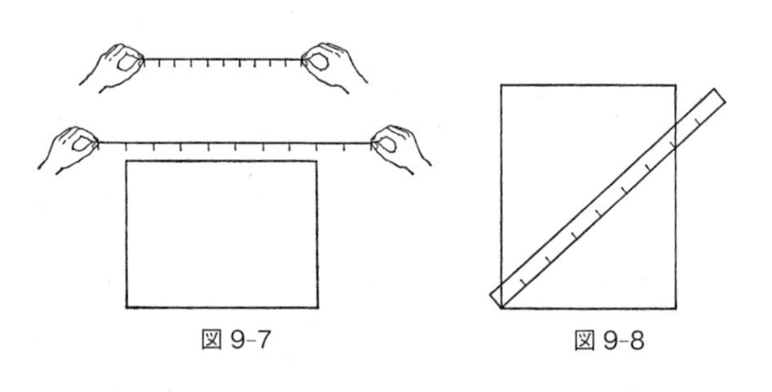

図 9-7　図 9-8

(図 9-7). 人をばかにしたような話であるが, 案外うまくいくのである. 何等分でも自由自在である.

もう少し精確を望まれるならば, ものさしを斜めに使うという手もある. 10 cm を 7 等分するというような場合だったら, ものさしを斜めにあてて, 14 cm の目盛が, 10 cm の表の両縁にくるようにして, ものさしの目盛の 2 cm ごとにしるしをおとしていけばよい (図 9-8).

このような目的に使うために図 9-9 のような比例コンパスというものが昔からあるが, あれはあまりうまいものではない. あれは, X と Y との比が, x と y との比に等しいことを利用しているのであるが, 軸の位置がちょっとくるうと, 誤差が大きくなる. $(x+y)$ の長さは一定で l なのであるが, いま

$$m = \frac{y}{x} = \frac{l-x}{x}$$

のところにセットしたつもりであるのに, じつは $(x+\Delta x)$ にセットしてしまったとする. このときの比は

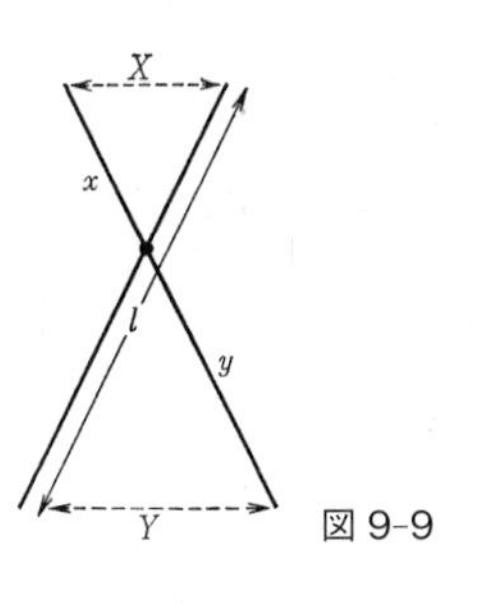

図 9-9

$$\frac{l-(x+\Delta x)}{x+\Delta x}=m-\frac{(m+1)^2}{l}\cdot\Delta x$$

となってしまうので，m が大きいときには，たいへんな誤差になる．$l=10\,\mathrm{cm}$，$m=9$ とすると，本来ならば $x=1\,\mathrm{cm}$ であるが，そこが 0.05 cm くるうと倍率は 0.5 もくるってしまうのである．

線分を等分する，というためにうまいと思ったのは，図 9-10 のような道具である．•のところがヒンジになっている．これを傘のように開いたり，つぼめたりすると，縁の点の間がひろくなったり，せまくなったりする．これを使えば，任意の長さを 4 等分，3 等分，2 等分することができる．骨の数を多くすれば，何等分でも勝手にできる．

これは拡図装置のパントグラフ（あるいはパンタグラフ）と同じ理屈である．パントグラフは，図 9-11 のように，O 点をきめておいて，針 A で図形をトレースする．そうするとその何倍かの大きさの図形が針 B によって描かれるのである．このごろは写真による拡大や縮小が自由

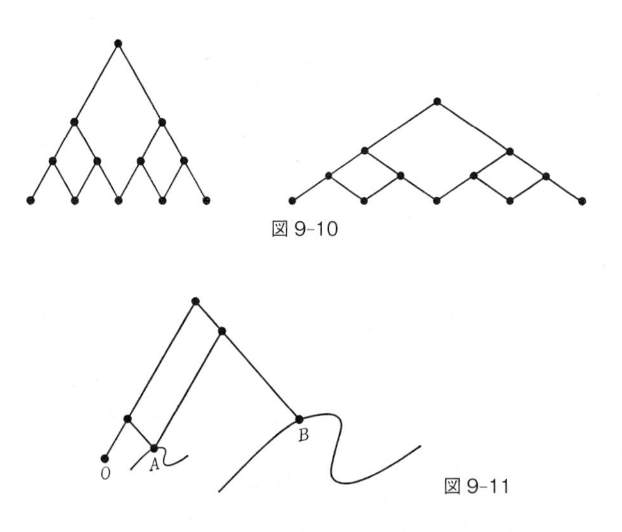

図 9-10

図 9-11

自在になったので，このパントグラフにはあまりお目にかからなくなったが，やはり懐しい道具の1つである．

オモチャ

懐しいといえば，子供のころ，図9-12のようなオモチャがあって，おもしろく遊んだことを思い出す．板に，車 A, B, C がとめてあって，互いの間にひもがかかっている．車 B には小さな穴があいていて，その穴と左の方の腕木とをとおして棒が渡してある．この棒からまた腕が出ていて，その先にペン P がついており，車 C の上にとめてある紙の上にのっている．車 A をまわすと，B も C も

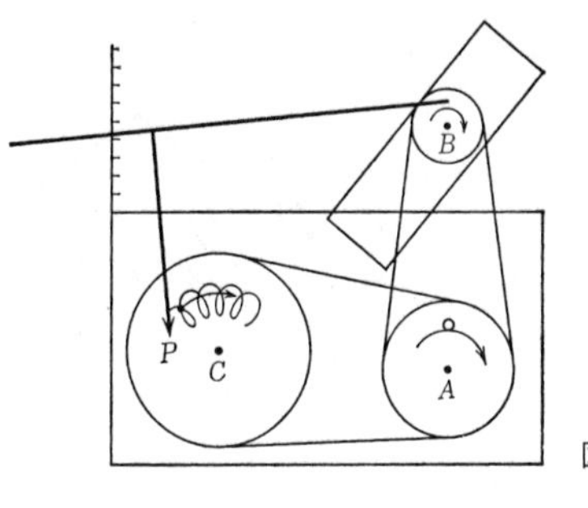

図 9-12

ペンもまわるので，紙の上に実にみごとな花模様が描き出される．車 B の位置，腕木の角度，車の回転比などをかえると，花模様は千変万化する．実におもしろいオモチャだったが，いまはちょっと見当らないようである．

こんなオモチャ趣味でも，それが発展すると，本式のことに役に立つ道具までできてくるからおもしろい．私の発明品でちょっとうまいのが2つある．

板の引力

1つは任意の断面形を有する2次元地下質量による重力を算出する道具であり，もう1つは球面三角を解く道具である．

まずはじめの問題であるが，図 9-13 の x 軸が地表，斜線をほどこした板は厚さ dy，密度 ρ であって，d の深さにあり，$x=\xi$ から $x=\infty$ までのびているとする．紙面に垂直な方にも無限にのびているとする．

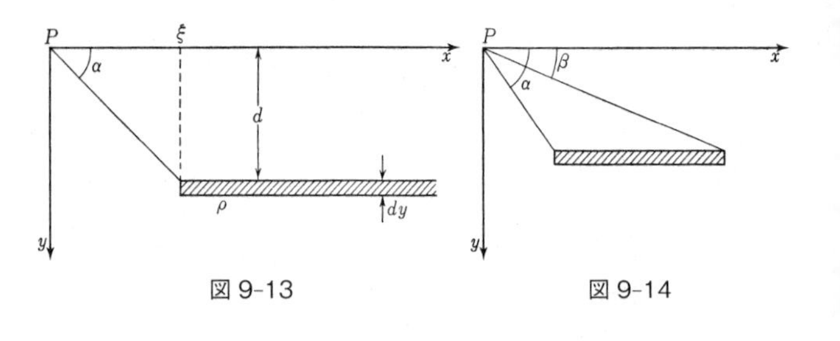

図 9-13　　図 9-14

この地下質量によって，点 P に生ずる重力は，

$$g = 2k^2\rho dy \int_{\xi}^{\infty} \frac{d}{x^2+d^2}dx = 2k^2\rho dy\left[\tan^{-1}\frac{x}{d}\right]_{\xi}^{\infty}$$
$$= 2k^2\rho dy\left(\frac{\pi}{2}-\tan^{-1}\frac{\xi}{d}\right) = 2k^2\rho dy\cdot\alpha$$

によって与えられる．つまり点 P から地下質量の板の縁を見下ろした角 α に比例するのである．それならば，図9-14のように，x 方向に有限の長さの板によって生ずる引力は，$(\alpha-\beta)$ に比例するわけである．

図 9-15 のように地下質量の断面が不規則な形をしているときでも，これを厚さ dy の板の集まりと考えれば，各々の板についての $(\alpha-\beta)$ を求めて加えさえすれば，この質量によって点 P に生ずる重力を求めることができる．そこで何かうまい道具を工夫して，この足し算を行なおうというのであるが，それはわけないことである．

図 9-16 のように，できるだけこまかい目をもった歯車 A をつくり，そのまんなかに腕木 B を取付ける．歯車と

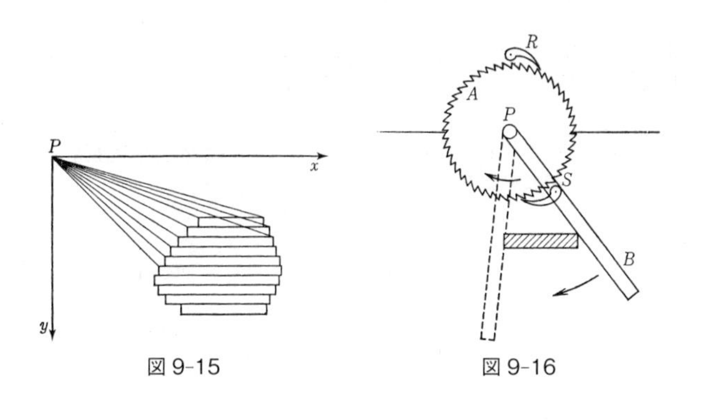

図 9-15 図 9-16

腕木とは，互いに固定されていないで，自由にまわりうる．歯車の外には，ラチェット R, S があり，S は腕木 B の方についている．腕木 B を矢の向きに動かすと，ラチェット S と歯車 A とがかみあうから，A も矢の向きにまわる．

腕木 B を，点線のところまで動かす間に，歯車 A がどれだけまわったかという角度が，P 点において地下質量（斜線を施した板）による重力がどのくらいの大きさであるかを示すことになる．腕木 B を点線のところまで動かしてから右にもどすと，こんどはラチェット S はバカになり，ラチェット R が歯車 A とかみ合うから，A はもどらない．このようなことをすべての板についてくりかえして，腕木 B を左右に動かすと，その間に左に動いた分だけ歯車 A がまわるから，結局，全体として歯車 A がまわった角度だけ読みとればいいことになる．この道具ははなはだ便利であって，大いに利用した．

球面三角

第2の発明は，球面三角を解く道具である．たとえば東京（緯度φ_0，経度λ_0）という地点から，緯度φ，経度λの地点までの距離Sを求めるという問題である．この種の球面三角は，地震の問題にも，測地の問題にも，よく出てくる．この距離をSとすれば，それは

$$\cos S = \sin\varphi\sin\varphi_0 + \cos\varphi\cos\varphi_0\cos(\lambda-\lambda_0)$$

によって与えられる．

さて図9-17のような図形を考えてみると，

$$h = p\sin\varphi + q\cos\varphi$$

である．これを上記の球面三角の式とくらべてみると，

$$h \cdots \cos S$$
$$p \cdots \sin\varphi_0$$
$$q \cdots \cos\varphi_0\cos(\lambda-\lambda_0)$$

に相当している．φ_0, λ_0は，それぞれ東京の緯度，経度であって，いまの場合，一定の定数である．

そこでつぎのような道具が考えられる．まず図9-18のような十字架をつくる．•から横木までの距離は$\sin\varphi_0$にとる．横木には，$\cos\varphi_0\cos(\lambda-\lambda_0)$に従って，$\lambda$の目盛をきざんでおく．$\cos S$によって横線を目盛った板にこの十字架をとりつけて，•を中心として自由にまわれるようにし，十字架の傾きφをまわりの目盛によって読むことができるようにしておく．

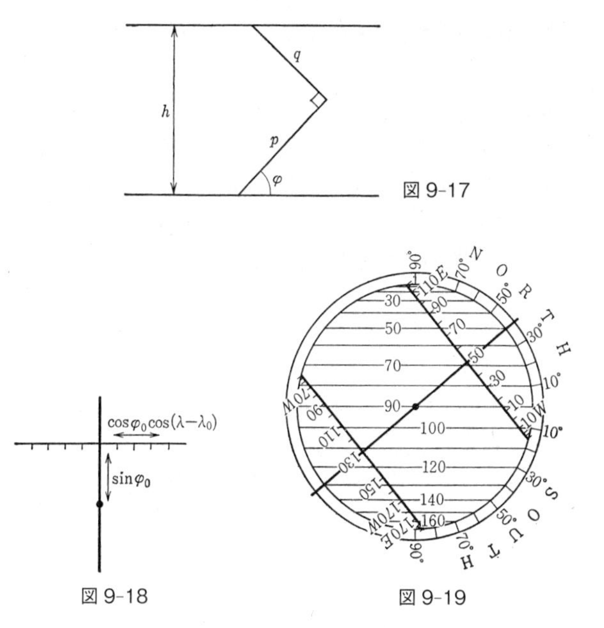

図 9-17

図 9-18

図 9-19

でき上りは，図 9-19 のようになる．この道具によって，S の値をかなりはやく，かなり精確に読みとることができた．

くわしい値は，計算によって求めるより仕方ないが，粗っぽくてもよいから，手早く，たくさんの値を求めるというような要求もしばしばある．そんなときには，計算ほどおろかなことはない．うまい道具を工夫することがいちばん利口である．

10. 重心について

初等の微分積分と物理とは互いに関連をもって教えられることが多い．特に力学においてそうである．速度とか加速度とかいうことからして，そもそも微分の考えを必要とする．その他，引力，重心，回転半径，放物体の運動，などなど，かっこうな問題がたくさんある．

それはそれで誠に結構である．しかし，それについての注意が十分でないと，ときどき具合の悪いことが起こる．もちろん，教科書にうそが書いてあるわけではない．条件つきで成り立つことがらの，結論だけが覚えられて，その大切な条件が忘れられてしまいやすいのである．そうなるとたいへんなことになる．これからそういう例をいくつかあげてみようと思う．なるべく意地の悪い書き方をするがお許しをねがいたい．

重心とは

まず第1は，重心のことである．重心の座標 (X, Y, Z) は

$$X = \frac{\displaystyle\int x\,dm}{\displaystyle\int dm},\quad Y = \frac{\displaystyle\int y\,dm}{\displaystyle\int dm},\quad Z = \frac{\displaystyle\int z\,dm}{\displaystyle\int dm}$$

であるというのが，重心の数学的定義である（m は質量密度）．この X, Y, Z によって与えられる点の位置は，物体に固定した固有のものである．そこまではよい．ところで，なぜこれが重心なのだろうか．上の定義は質量の中心を与えているのではないか．

こんなことはわかりきっている．質量の中心と重心とを同じものと考えてよいのは，重力加速度 g がいたるところで一様だからである．つまり，重心という立場で考えるならば

$$X' = \frac{\displaystyle\int gx\,dm}{\displaystyle\int g\,dm},\quad Y' = \frac{\displaystyle\int gy\,dm}{\displaystyle\int g\,dm},\quad Z' = \frac{\displaystyle\int gz\,dm}{\displaystyle\int g\,dm}$$

とすべきなのであって，g が一定だから積分の外へ出て，分母の g と分子の g とが消しあって

$$X = X',\ Y = Y',\ Z = Z'$$

となる．g が一定という条件が入っていることを忘れていない方は，以下の文を読んでいただく必要はない．しかしこのことは案外忘れられがちなのである．

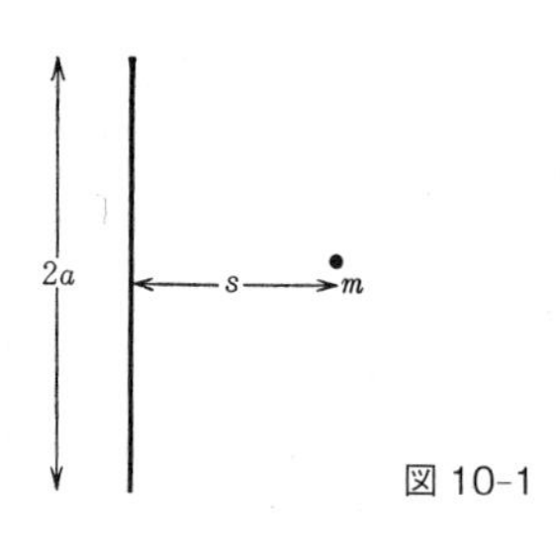

図 10-1

線分の引力

初等物理的の説明として，重心とは全質量がその点に集中していると考えてよいような点である，といわれることがよくある．とんでもない．どういう問題についてそう考えてよいかという条件なしに，これをうのみにするとたいへん危険なことになる．

図 10-1 のように，線密度 ρ，長さ $2a$ の線質量があるとする．また，これから s の距離のところに質点 m があるとする．この線質量と質点との間の引力を求めよう．さてここで，線質量はその重心に集中していると考えてよい．それは $2a\rho$ である．それと m との間の距離は s である．だから，引力 F は，s^2 に反比例して

$$F = k^2 \frac{2a\rho m}{s^2} \qquad (k^2 \text{ は万有引力常数})$$

である．こうやったら大まちがいである．しかし，高校程度の参考書に堂々とこうやっているのがある．だからおそろしいのである．

このまちがいのよって来たるところは，いうまでもな

い．全質量がその点に集中していると考えてよい点が重心である，というのが条件つきであることが，いつの間にか忘れられてしまったからである．いうまでもないが，正しくは

$$F = k^2 \int_{-a}^{a} \frac{ms\rho\, dx}{(x^2+s^2)^{3/2}} = \frac{2k^2 \rho a m}{s\sqrt{s^2+a^2}}$$

である．$s \gg a$ のときに，はじめて $F \to \dfrac{2k^2 \rho a m}{s^2}$ になるのである．$s \ll a$ ならば，$F \to \dfrac{2k^2 \rho m}{s}$ となって，対数ポテンシャルによる力になることはもちろんである．

同心輪の間の引力は無限大？

全質量がその点に集中していると考えてよいような点が重心であるということと，2つの質点の間の引力はその距離の2乗に反比例するということをあくまで無条件に遵奉（じゅんぽう）すると，いくらでもパラドックスができる．

図10-2のように，A の円輪と B の円輪がある．重心はそれぞれ円の中心にある．だから2つの円輪の中心を一致させれば，引力は無限大になって，円輪は動けない!!

球が外界に及ぼす引力は，その全質量が中心に集まっているとした場合とまったく同じである．これが球以外のものにもそのまま無条件におしひろめられるのが，じつは間違いのもとである．

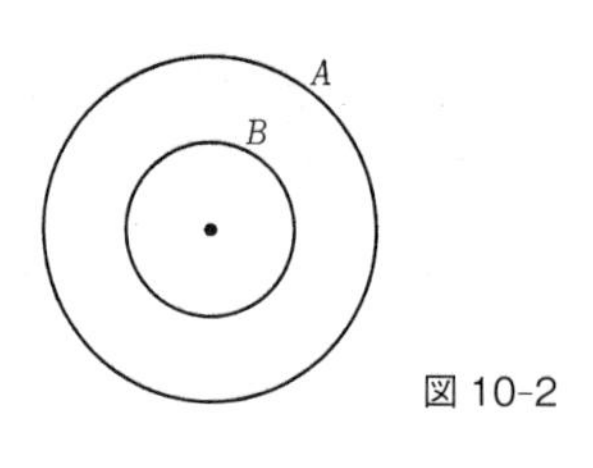

図 10-2

放物体

上のような例は簡単すぎて，賢明なる読者に少々失礼である．そこでもう少し高級？ な問題を出そう．

放物体の運動方程式は

$$m\frac{d^2z}{dt^2} = -mg,\ m\frac{d^2x}{dt^2} = 0 \quad (z\text{ は上方，}x\text{ は水平方向})$$

であるとするのが普通である．これから

$$z = z_0 + v_zt - \frac{1}{2}gt^2,\ x = v_xt$$

とすれば平穏無事であるが，そうはいかない．g の値が場所でちがうなどという地球物理学的な問題をもちだすには及ばないが，高いところに行くほど g が小さくなることは少なくとも考えに入れなければなるまい．

g の値は 3 m 上るごとに 0.001（cgs）だけ減る．地表で 980 であるとすれば，30 km も上れば，970 にも減る．放物体の軌道は，正しくは放物線ではない !!　第一，z は上方，x は水平というのだが，地球のような球では，上方とか水平とかいうのは，直線座標ではありえない．北極の上方は南極の下方である．水平は曲面である．

力学の演習問題はもちろん近似さ，といってしまえばそれまでだけれども，それが近似であることが忘れられるのがおそろしい．

自由落下

重力gの絶対値を測定するのに，可逆振子というものがあることは，御存じのとおりである．あれは実験的にはなかなかむずかしいものである．一流の専門家が何年もかけてみっちりやっても，なかなかいい値が得られない．そこでこのごろでは，真空中における物体の自由落下を使って，その加速度をまともに測ろうという実験が行なわれている．実際にはいろいろな方法が試みられているが，その一つにこういうのがある．

図10-3のように，正しい目盛をもっているものさしを真空中で自由に落下させる．右にあるのは顕微鏡である．ものさしが落下して，目盛が顕微鏡の前を通過するごとに，その像によって電気的の信号が出るようになっている．おのおの目盛の通過時刻を測ることによって，gによる加速度を求めようというのである．

ところでここで問題になることがらが2つある．問題の1は，ものさしはかなり長いから（1 m以上），各部分にはたらくgの値は一定でないということである．下部にはたらくgの方が上部にはたらくgよりも大きい．問題の2は，ものさしが落下していくにつれて（数mの距離），gは全体として大きくなってくる．つまり一様でな

図 10-3

い場のなかを，かなり大きい寸法のものが落ちていくのである．このような場合には，質量の中心とか，重心とかいうものはあまり役に立たない！！

振り秤

振り秤のつりあいも面白い．振り秤というのは，横棒に質量 A, B をつけて上から細い針金で吊ったものである（図 10-4）．

これはどこで静止するか．針金のねじれが 0 のところで静止するというのでは 100 点はあげられない．現実の重力の場では，A にはたらく g と，B にはたらく g とは平行でもなければ，大きさも等しくはない．だから横棒をまわそうとするモーメントが生じて，それと針金の弾性とがつりあうところで静止するのである．

いくつかの例を上にあげたけれども，それはみな g が一様でないことを示したつもりである．いいかえれば，物

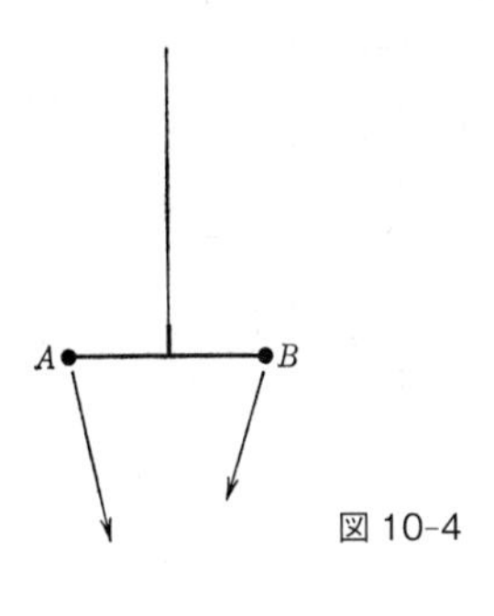

図 10-4

体の各部分にはたらく重力の合力の着力点は，質量の中心ではないことを示したつもりである．両者が一致するのは，力の場が一様なときにのみ限るのである．この前提を忘れると，とんでもないことになる．わかりきったことだが，この点に関する認識が必ずしも十分でないようだ（特に高等学校程度の教育において）．

一様でない重力場

それでは，一様でない重力場はどうやって解析することができるか．少々まともな話になって，“ずいひつ”らしくないが，お許しをねがおう．数学的には簡単なことを，ずるく使って実際の問題に応用する一つの例としてごらんいただきたい．

地表 S に沿って重力の分布 $g(x)$（実は地下の異常質量による引力異常の分布といった方がよい）が与えられているとする（図 10-5）．地表から h の高さにある P 点にお

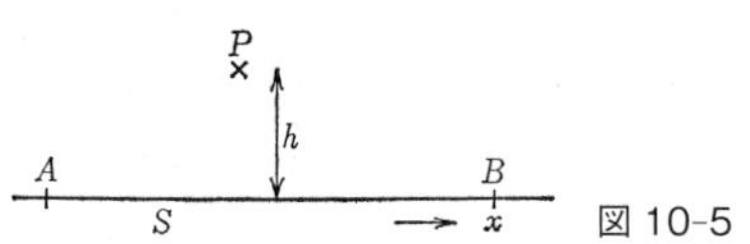

図 10-5

ける重力はいくらであろうか，というのが問題である．

この空間における g の分布は，ラプラスの方程式

$$\frac{\partial^2 g}{\partial x^2}+\frac{\partial^2 g}{\partial z^2}=0$$

を満足している．だから，g は

$$g(x\ z)=\sum B_m \begin{matrix}\cos\\ \sin\end{matrix}\, mx\, e^{-mz}$$

という形であらわされるはずである．ところで地表では $z=0$ で

$$g(x\ 0)=\sum B_m \begin{matrix}\cos\\ \sin\end{matrix}\, mx$$

と書くことができるから，このフーリエ係数 B_m は実測値から求められるはずである．P 点が AB の中点のま上にあって，AB の距離がフーリエ級数の 2π に相当するとすると，

$$x=\pi,\ \ z=h$$

であるから，$\cos mx=\pm 1$, $\sin mx=0$ となって

$$g_P=\sum \pm B_m{}^{c} e^{-mh}$$

となる（$B_0{}^{c}=$ については 196 ページ参照）．AB の間の g の分布を，たとえば 6 項のフーリエ級数によってあらわしたとすれば

$$B_0{}^{\mathrm{c}} = \frac{1}{6}\left(\frac{1}{2}g_0 + g_1 + g_2 + g_3 + g_4 + g_5 + \frac{1}{2}g_6\right)$$

$$B_1{}^{\mathrm{c}} = \frac{1}{3}\left(\frac{1}{2}g_0 + \frac{1}{2}g_1 - \frac{1}{2}g_2 - g_3 - \frac{1}{2}g_4 + \frac{1}{2}g_5 + \frac{1}{2}g_6\right)$$

$$B_2{}^{\mathrm{c}} = \frac{1}{3}\left(\frac{1}{2}g_0 - \frac{1}{2}g_1 - \frac{1}{2}g_2 + g_3 - \frac{1}{2}g_4 - \frac{1}{2}g_5 + \frac{1}{2}g_6\right)$$

$$B_3{}^{\mathrm{c}} = \frac{1}{6}\left(\frac{1}{2}g_0 - g_1 + g_2 - g_3 + g_4 - g_5 + \frac{1}{2}g_6\right)$$

である．これを g_P の式に代入すればつぎのようになる．

$$\begin{aligned}
g_P = &\left(\frac{1}{12} - \frac{1}{6}e^{-h} + \frac{1}{6}e^{-2h} - \frac{1}{12}e^{-3h}\right) g_0 \\
&+\left(\frac{1}{6} - \frac{1}{6}e^{-h} - \frac{1}{6}e^{-2h} + \frac{1}{6}e^{-3h}\right) g_1 \\
&+\left(\frac{1}{6} + \frac{1}{6}e^{-h} - \frac{1}{6}e^{-2h} - \frac{1}{6}e^{-3h}\right) g_2 \\
&+\left(\frac{1}{6} + \frac{1}{3}e^{-h} + \frac{1}{3}e^{-2h} + \frac{1}{6}e^{-3h}\right) g_3 \\
&+\left(\frac{1}{6} + \frac{1}{6}e^{-h} - \frac{1}{6}e^{-2h} - \frac{1}{6}e^{-3h}\right) g_4 \\
&+\left(\frac{1}{6} - \frac{1}{6}e^{-h} - \frac{1}{6}e^{-2h} + \frac{1}{6}e^{-3h}\right) g_5 \\
&+\left(\frac{1}{12} - \frac{1}{6}e^{-h} + \frac{1}{6}e^{-2h} - \frac{1}{12}e^{-3h}\right) g_6 \\
= &\ \phi_3(h)g_0 + \phi_2(h)g_1 + \phi_1(h)g_2 + \phi_0(h)g_3 \\
&+\phi_1(h)g_4 + \phi_2(h)g_5 + \phi_3(h)g_6
\end{aligned}$$

すなわち，$g_0, g_1, \cdots, g_6$ のそれぞれに，適当な重みを乗じて加えれば g_P が求められるのである．

これはいちばん簡単な場合であるが，6 点の g だけでは不十分であるようなとき，また g の分布を 2 次元に考えなければならないとき，さらにまた地球の曲率を考えなければならないときなどは，話はだいぶめんどうになる．しかし，ともかくラプラスの方程式をいじりまわすことなのだから，原理的にそうむずかしいことがあるわけではない．

人工衛星

人工衛星は，地球上空の引力の場の中を飛んでいるのだから，その飛び方をくわしく調べることによって，この場の様子，ひいては地球の形を求めることができるのである．東京天文台の古在由秀君はこの点について地球の形が赤道に対して南北対称でないことを見出した．実にりっぱな仕事である．これももとはといえば，一様な場からの外れに注目したからである．

高校教育などで重心と質量中心との関係を，もう少しはっきりさせてよい時代が来たように思われるのである．

11. 振子十話

振子(ふりこ)の運動は，初等微積分や初等力学のよい教材である．簡単な2階の微分方程式をいじくるだけで，だいたい話がすむのだから，はなはだ教育的である．しかし，だからといって，

$$\frac{d^2x}{dt^2} = -n^2x$$

という微分方程式を数学的に解いただけで，振子のことが何から何までわかったつもりになられても困る．振子というのは実に面白い性質をもっているものである．普通の力学の教科書などにのっていないような話を10だけ選んで書いてみよう．

第1話 バネの振子

図11-1のようなつるまきバネに，錘mがついている．錘をつけないときにくらべて，バネがlだけのびている．バネの常数をEとする．このバネが上下に振動する運動の方程式は

$$m\frac{d^2z}{dt^2} = -E_z$$

であるから，振動周期Tは

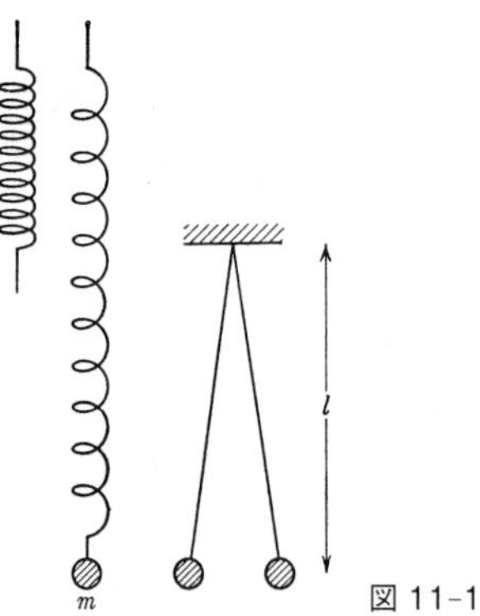

図 11-1

$$T = 2\pi\sqrt{\frac{m}{E}}$$

によって与えられる．E が大きければ周期は短く，m が大きければ周期は長い．これは当り前なことである．

ところで，錘 m をつるしたとき，バネは l だけのびているというのであるから

$$El = mg$$

となって，バネの力と重力とでつりあっている．すなわち

$$\frac{m}{E} = \frac{l}{g}$$

である．これを前の周期の式に入れると

$$T = 2\pi\sqrt{\frac{m}{E}} = 2\pi\sqrt{\frac{l}{g}}$$

となる．これは，長さ l の単振子の周期に他ならない．よ

って

錘をつって l だけのびたバネの上下振動の周期は，長さ l の単振子の周期に等しい．

簡単だが面白い性質である．

第2話 周期の短い重力振子

重力によって振動する単振子の周期 T は

$$T = 2\pi\sqrt{\frac{l}{g}}$$

によって与えられる．l が 1 m ならば，T はほぼ 2 秒である．25 cm なら 1 秒，6 cm なら 0.5 秒，1.5 cm なら 0.25 秒，4 mm なら 0.1 秒である．いいかえれば，周期の短い重力振子をつくりたいというなら，振子をうんと短くしなければならない．しかし 4 mm くらいに小さくしても周期は 0.1 秒にしかならない．0.01 秒の周期をもたそうとすれば，虫めがねで細工するくらいの小さいものになってしまう．ふつうの大きさの振子でありながら，重力の作用だけによって，非常に速く振動するものをつくるわけにはいかないものだろうか．

つぎのようにすれば，それができるのである．図 11-2 のように，横棒を上から 2 本の糸でつる．横棒の中央から糸を下げ，錘 m をつるす．このとき，横棒はその中央をとおる鉛直軸のまわりに，回転的振動をすることができる．その周期はどうなるであろうか．

横棒の慣性能率（中心軸のまわりの）を K とする．下

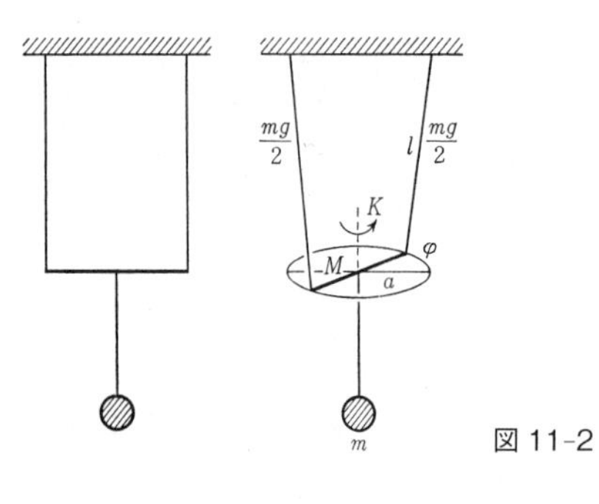

図 11-2

の錘 m は，細い糸でぶらさがっているだけだから，横棒の回転的振動には関与しないで，上の 2 本の糸のそれぞれに張力 $mg/2$ を及ぼしているだけである（横棒の質量は m に対して省略してある）．この張力によって，横棒をもとにもどそうとするモーメント M が生ずるのであるが，その大きさは

$$M = \frac{mga^2}{l}\varphi$$

である．よって，横棒の運動方程式は

$$K\ddot{\varphi} = -\frac{mga^2}{l}\varphi \qquad \left(\ddot{\varphi} = \frac{d^2\varphi}{dt^2}\right)$$

したがって，周期 T は

$$T = \frac{2\pi}{a}\sqrt{\frac{Kl}{mg}}$$

によって与えられる．$K = \rho k^2$（ρ は横棒の質量，k はその回転半径）とすれば

$$T = \frac{2\pi k}{a}\sqrt{\frac{l\rho}{mg}}$$

となる．長さ $2a$ の一様な棒の回転半径は $k = \dfrac{a}{\sqrt{3}}$ であるから

$$T = \frac{2\pi}{\sqrt{3}}\sqrt{\frac{l\rho}{mg}}$$

である．この式からわかるように，横棒の質量 ρ にくらべて，下の錘の質量 m を大きくすれば，T をかなり小さくすることができる．この振子の周期は，長さ l の単振子の周期にくらべて，$\dfrac{1}{\sqrt{3}}\sqrt{\dfrac{\rho}{m}}$ 倍になっている．$\dfrac{\rho}{m} = \dfrac{1}{100}$ にしたとすれば，$\dfrac{1}{\sqrt{3}}\sqrt{\dfrac{\rho}{m}}$ は $\dfrac{1}{17}$ くらいになる．すなわち，l が 1 m あっても，周期は 0.1 秒くらいの短いものになる．これは面白いことである．

この秘密はどこにあるか．物理振子の振動周期（重心から h の距離のところを軸とした場合）は

$$T = 2\pi\sqrt{\frac{\rho(k^2+h^2)}{\rho gh}} = 2\pi\sqrt{\frac{k^2+h^2}{gh}}$$

とするのがふつうである．根号の内で，分子の ρ と分母の ρ とを約しているのであるが，それは，慣性能率を生ずる ρ と，振子をもとにもどす力を生ずる ρ とが，同じものであるからである．上に述べたような2本吊りの振子では，これは別物なのである．慣性能率を生ずるのは小さいもの，振子をもとにもどす力を生ずるものは大きいもの，としておけば，分子と分母が約せない．それで，周期

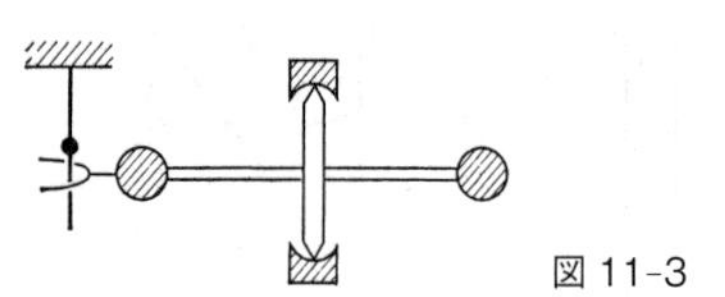

図 11-3

はいくらでも短くなりうるのである.

逆に，慣性能率を生ずるものを大きく，振子をもとにもどす力を生ずるものを小さくすれば，いくらでも周期の長い重力振子をつくることができるはずである．図 11-3 は，その 1 例を示したものである．左の方にある小さな振子にはたらく重力だけによって，右の方にある亜鈴形の大きな慣性能率のものをふりまわさなければならないのだから，周期はいくらでも長くなる．

第 3 話　逆立振子

図 11-4 のように，根もとに板バネをつけて逆立ちさせた振子があるとしよう．この振子は，重力のはたらき $mga\theta$ によって倒れようとするが，根元のバネのはたらき $\varepsilon\theta$ によってもとにもどろうとする．

だから，運動方程式は

$$I\ddot{\theta} = -(\varepsilon - mga)\theta$$

となる．I は振子の慣性能率である．

周期は

$$T = 2\pi\sqrt{\frac{I}{\varepsilon - mga}}$$

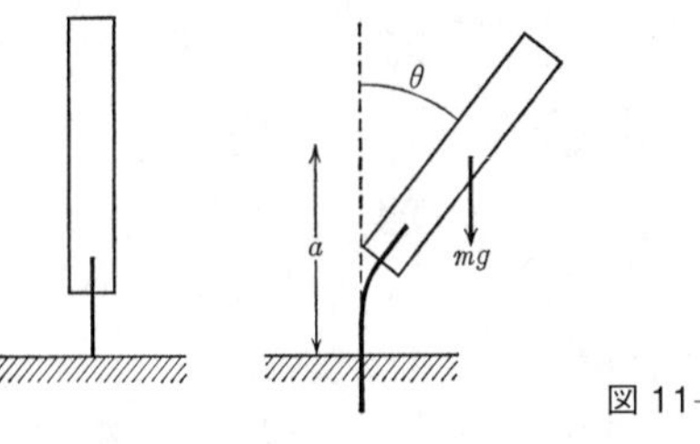

図 11-4

となる．振子が安定であるためには，$\varepsilon > mga$ でなければならないが，その差が小さければ小さいほど，周期は長くなる．根元のバネをはずして，普通の物理振子として使えば，その周期 T' は

$$T' = 2\pi\sqrt{\frac{I}{mga}}$$

である．だから

$$T = \sqrt{\frac{mga}{\varepsilon - mga}}T'$$

すなわち，周期は $\sqrt{mga/(\varepsilon - mga)} = p$ 倍になっているわけである．うまいバネを使って，ε と mga とがほとんど等しいようにすることができれば，周期 T はいくらでも長くなる．

さてこの振子を他の地点にもっていって振動させたとする．そこでは，g の値がちがうので，周期 T も変わってくるはずである．その変化は

$$\frac{\Delta T}{T} = \frac{1}{2}\frac{ma}{\varepsilon - mga}\Delta g$$

によって与えられる．これに，

$$p = \sqrt{\frac{mga}{\varepsilon - mga}}$$

を代入すると，

$$\frac{\Delta T}{T} = \frac{p^2}{2}\frac{\Delta g}{g}$$

となる．ふつうの振子の場合だったら，Δg に対する周期の変化は

$$\frac{\Delta T'}{T'} = -\frac{1}{2}\frac{\Delta g}{g}$$

である．だから，逆立振子はこれにくらべて，周期の変化が p^2 倍になっていることを意味する．ふつうにつるしたら周期 1 秒で振動する振子を逆立振子に使って，周期を 10 秒にさせることができたとすれば

$$\frac{\Delta T}{10} = \frac{10^2}{2}\frac{\Delta g}{g}$$

となる．重力の変化が $\Delta g = 0.001$ すなわち $\dfrac{\Delta g}{g} = 10^{-6}$ であったとすると

$$\frac{\Delta T}{T} = 500 \times 10^{-6} = 0.0005$$

となる．すなわち，こんな小さな Δg に対しても，周期が 0.0005 秒もかわることになる．これを測るのはわけないことである．

こう書くと話はじつにうまいし，また，決して間違いではない．しかし現実にはこうはいかないのである．それ

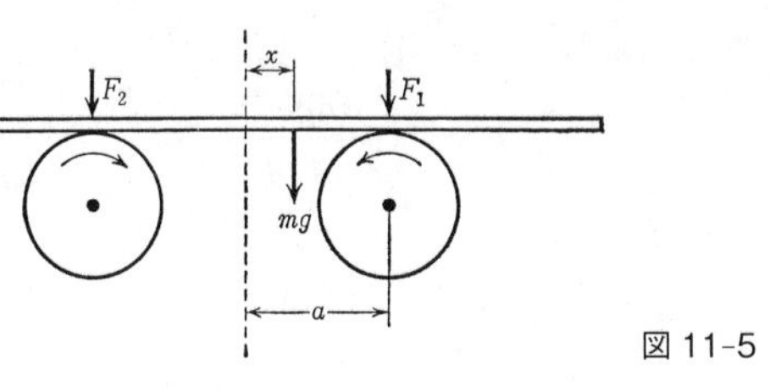

図 11-5

は，こんなにうまくいうことをきく物質が，現実には存在しないからである．$(\varepsilon - mga)$ をきわどく調節して，0 に近くすることができるようなバネは，残念ながら現存しない．また減衰もある．数式でどんなにうまいことになっても，現実にそういう物質がなければ，実際家には役に立たない．

第4話　はしわたし振子

つぎは，はしわたし振子の話である．

図 11-5 のように 2 つの車があり，矢の向きに同じはやさでまわっている．そして，その上に質量 m の棒がのっている．右の車と棒との間の圧力を F_1，左の車と棒との間の圧力を F_2 とすると，

$$F_1 + F_2 = mg$$
$$2aF_2 = mg(a - x)$$

である．したがって

$$F_1 = \frac{mg}{2}\frac{a+x}{a}$$
$$F_2 = \frac{mg}{2}\frac{a-x}{a}$$

である．さて，棒と車との間の摩擦係数を μ とすると，この棒には，μF_1 の力が左向きに，μF_2 の力が右向きにはたらいている．だから運動方程式は

$$m\ddot{x} = \mu(F_2 - F_1) = -\frac{\mu mg}{a}x$$

となる．これは，単弦振動の方程式にほかならない．その周期は

$$T = 2\pi\sqrt{\frac{a}{\mu g}}$$

である．つまりこの横棒はこの周期 T で，左右往復の正弦運動をするのである．この正弦運動は何の近似もなしの正真正銘の正弦運動である．一般に，振子が正弦振動をするというのは，たいていの場合に近似であって

$$\ddot{x} = -n^2\sin x \qquad \left(\ddot{x} = \frac{d^2x}{dt^2}\right)$$

を，x が小さいとして $\sin x \fallingdotseq x$ とおき

$$\ddot{x} = -n^2 x$$

としているに過ぎない．しかしこのはしわたし振子は，そういう近似はいっさいないのだから，振幅が大きくなっても心配はない．もっとも振幅があんまり大きくなって，横

棒が車からはずれて落ちてしまってはだめである．

はしわたし振子は，しかし，やはり式の上の遊びである．摩擦係数の μ が，右の車でも左の車でもきちんと等しく一定であるというような状態は，実現不可能である．

第5話　永久変位を示す振子

地震計というのは，地震といっしょに動く座標系にいる人間が，オレは絶対座標に対してどう動いているかということを知るための器械である．そのために，動く座標系に振子をとりつける．そしてその動き（動く座標系からみた）x から，（絶対座標系）に対する（動く座標系）の運動 $f(t)$ を求めようとするのである．

運動方程式は

$$\ddot{x}+2\varepsilon\dot{x}+n^2x=-f''(t) \qquad (1)$$

である（f'' は時間 t についての2回微分）．$x, \dot{x}, \ddot{x}$ は観測しうる量であり，ε, n^2 などは振子に関する常数であって，これはわかっている．だから，どんな振子でもいいが，それをぶらさげて，地震のときに $x, \dot{x}, \ddot{x}$ を測り，x には n^2 をかけ，$\dot{x}$ には 2ε をかけ，$\ddot{x}$ と3つ加えあわせれば，時々刻々の $f''(t)$ が求められるのである．実際にそんなことをするのはめんどうなので，こんな手数はいちいちかけてはいないけれども，理屈はまさにそのとおりである．

この振子の方程式を，各項ごとに積分すると

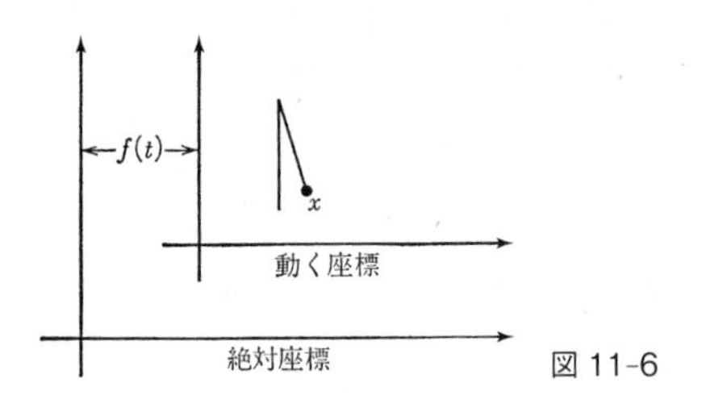

図 11-6

$$\dot{x}+2\varepsilon x+n^2\int_0^t x\,dt = A-f'(t) \qquad (2)$$

となる．さて地震のはじまるとき，$t=0$ における条件を考えてみると，そのときは地面も振子も止まっているのだから

$$t=0: \quad x=0,\ f(0)=0$$

である．また，地面が突然動いたとしても，振子は慣性によって絶対空間に残る．それを，動く座標からみるのだから，

$$t=0: \quad \dot{x}=-f'(0)$$

である．また，地震がすっかりすんでしまった $t=\infty$ では，動く座標も振子も，静止しているはずだから

$$t=\infty: \quad x=0,\ \dot{x}=0,\ f'(\infty)=0$$

である．また，地震の前後で土地が永久変位をしているかもしれないから

$$t=\infty: \quad f(\infty)\neq 0$$

としておこう．

さて，これらの条件を

$$\dot{x}+2\varepsilon x+n^2\int_0^t x\,dt = A-f'(t)$$

に入れると，$t=0$ の条件から

$$A=0$$

と，$t=\infty$ の条件から

$$\int_0^\infty x\,dt=0 \qquad (3)$$

とが得られる．この (3) の式は重要である．どんな地震がきても，x の曲線は正負必ず相消しあうのであって，0 線よりも上にある面積と下にある面積とは必ず等しい．地面の動きは，正の向き一方だけということはありうるのに，x はそうはいかない．そういう意味では，地震計は必ずうそをついているのである．

(2) 式をもういっぺん各項ごとに積分すると，

$$x+2\varepsilon\int_0^t x\,dt+n^2\int_0^t\int_0^t x\,dtdt = B-f(t) \qquad (4)$$

となる．$t=0$ の条件から $B=0$ であることがわかる．$t=\infty$ の条件を入れ，かつ

$$\int_0^\infty x\,dt=0$$

であることを参考にすれば

$$n^2\int_0^\infty\int_0^t x\,dtdt=-f(\infty) \qquad (5)$$

となる．すなわち，x を2度積分すると，途中の経過に関係なく，永久変位 $f(\infty)$ が求められる．地震でなくても，

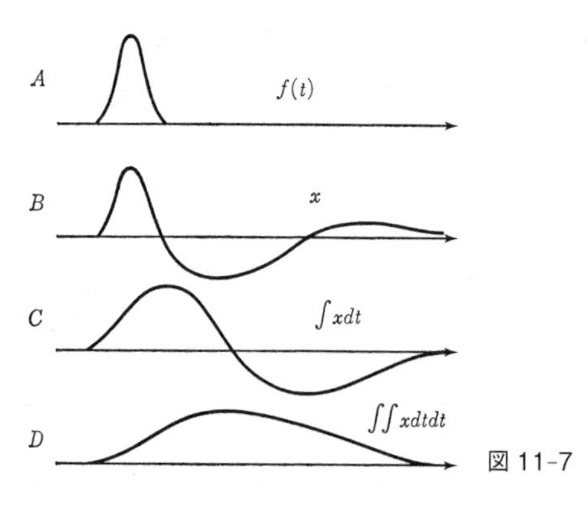

図 11-7

地震計を列車にのせて東京から大阪まで行ったとすると，それの書いた x を 2 度積分すると，東京から大阪までの距離（線路にそった）がわかることになる．これは慣性航法の一種であるといってよいだろう．

永久変位がなくて

$$f(\infty) = 0$$

である場合には，(5) は式

$$\int_0^\infty \int_0^t x\,dtdt = 0 \qquad (6)$$

となる．これと，$\int_0^\infty x\,dt = 0$ と合わせて考えると，x は少なくとも 2 度は 0 線をきらなければならないことがわかる．もしも 1 度しかきらないのならば，1 度積分したものは 0 となっても，2 度積分したものは決して 0 になることができないからである．

たとえば，地面が図 11-7A のように動いたとすれば，x 曲線は B のようになる．$\int x\,dt$ は C のように 0 に収束し，$\iint x\,dtdt$ も D のように 0 に収束する．

どんないい地震計でも，必ずこういううそをついているのである．ただ，うそのつき方がきまっているので，それを翻訳して，正しいものを導き出すことができるというだけのことである．

12. 振子十話（つづき）

第6話　うそをつく地震計

第5話にも書いたように，地震計というものは，地震のときに地面といっしょに動くわれわれが，“サテおれは絶対空間に対してどう動いたか”を教えてくれる仕掛けである．しかしその仕掛けというのが，結局振子にたよっているのだから，そしてその振子が自分の復元力をもっているのだから，絶対空間に対する動きを寸分の間違いもなく示してはくれない．

その間違いをできるだけ少なくするために，いろいろの工夫がこらされている．たとえば，復元力をできるだけ小さくする（変位地震計）とか，大きくする（加速度地震計）とか，減衰をできるだけ大きくする（速度地震計）とか，いうようにしているのである．しかしどんなに工夫しても，力学の法則までねじふせることはできないから，場合によってはとんでもない現象が起こる．

つぎに，意地の悪い例をだそう．

図 12-1 のように，地面が突然動きだして，時間 T の間だけ直線運動をして，a だけ動いたところで突然止まったとする．このとき地震計はどんなものを書くか．

地震計に減衰がないとすれば，その運動方程式は

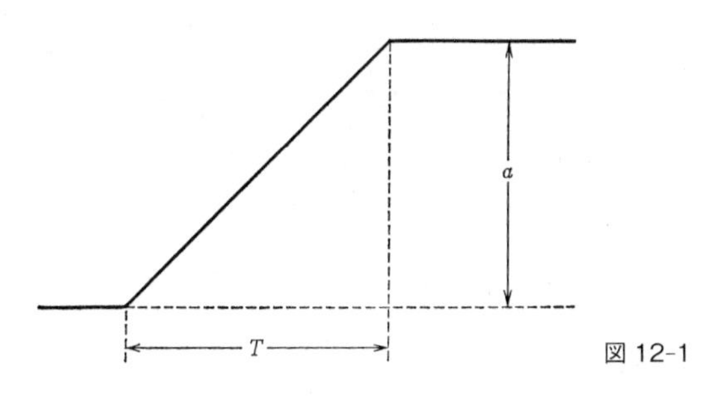

図 12-1

$$\ddot{x}+n^2x = -\ddot{f}(t)$$

である（変数 x, f の上の・は時間 t についての微分回数をあらわす）．いうまでもないが，x は地震と共に動く座標系からみた振子のふれ，$f(t)$ は絶対空間に対する地面のふれ，したがって $\ddot{f}(t)$ はその加速度である．地面のふれが図 12-1 のようであったとすれば，$t=0$ で振子に撃力が与えられる．そしてその後は振子は自由運動を行なう．$t=T$ で地面が急激に止まるときには，前と大きさの等しい撃力が反対向きに与えられるわけである．振子はどんな運動をするであろうか．それは振子の周期 $\tau=\dfrac{2\pi}{n}$ によっていろいろである．

いちばん意地の悪い場合として，T が τ に等しいとしよう．そのときには，x は図 12-2 のような正弦曲線になる．この記録をみて，図 12-1 のような運動が頭に浮かぶなら，その人はもう振子の大家である．

図 12-2 の正弦曲線 y の振幅を α とすれば

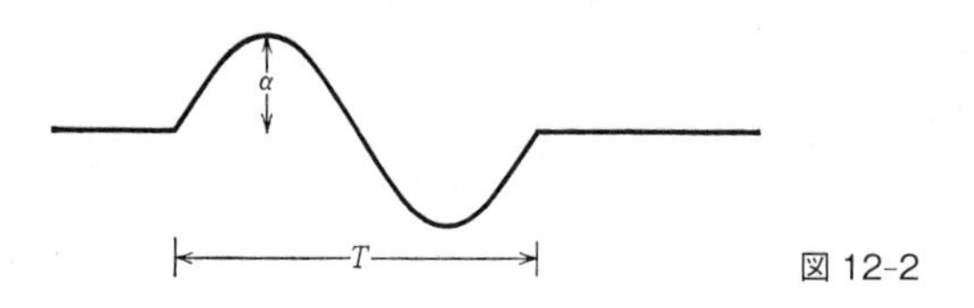

図 12-2

$$y = \alpha \sin\frac{2\pi}{T}t$$

である．$t=0$ における速度は

$$\dot{y}_0 = \frac{2\pi\alpha}{T}$$

であるが，これは地動の速度 $-\dfrac{a}{T}$ に等しくなければならない．よって

$$\frac{2\pi\alpha}{T} = -\frac{a}{T}$$

から，

$$\alpha = -\frac{a}{2\pi}$$

である．したがって

$$y = -\frac{a}{2\pi}\sin\frac{2\pi}{T}t$$

である．前にも書いたように，y を 2 回積分したものと，永久変位 a との間には

$$n^2 \int_0^\infty \int_0^t y\,dtdt = -a$$

という関係がある．念のため，いまの場合にあたってみよ

う．

$$n = \frac{2\pi}{T}$$

であるから

$$n^2 \int_0^\infty \int_0^t y\,dtdt = \frac{4\pi^2}{T^2} \int_0^\infty \int_0^t y\,dtdt$$

であるが，この場合には t の ∞ までの積分は T でとめなければならない．よって

$$\begin{aligned} &\frac{4\pi^2}{T^2} \int_0^\infty \int_0^t y\,dtdt \\ &\quad = \frac{4\pi^2}{T^2} \int_0^T \int_0^t \left(-\frac{a}{2\pi}\sin\frac{2\pi}{T}t\right) dtdt \\ &\quad = \frac{a}{T} \int_0^T \left(\cos\frac{2\pi}{T}t - 1\right) dt \\ &\quad = \frac{a}{T} \left[\frac{T}{2\pi}\sin\frac{2\pi}{T}t - t\right]_0^T \\ &\quad = -a \end{aligned}$$

となっている．

図 12–2 に示したのは，地面が変位に要した時間 T が，地震計の自由周期 τ と等しい場合である．T が τ の整数倍であっても同じようなことがおこる．たとえば

$$T = 3\tau$$

の場合には，地震計の針が描く曲線は，図 12–3 のようになる．

この曲線をみて，地面の動き（図 12–1）を考えること

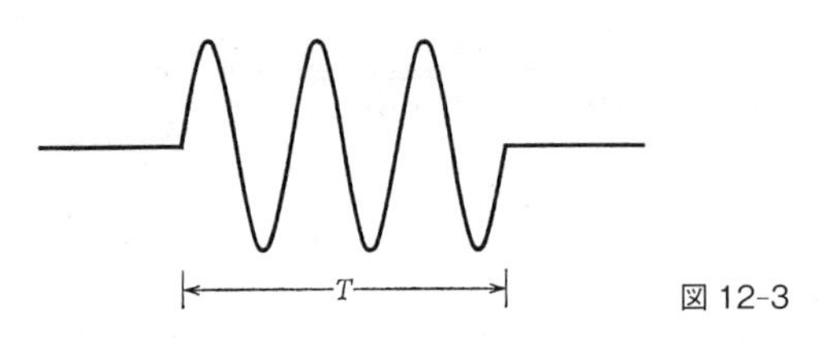

図 12-3

はなかなかむずかしい.

このような意味で地震計はうそをつくものなのである. しかし, そのうそのつき方がでたらめでないから始末がよい.

いつも, ほんとうのことのさかさまのことをいっている人は, ある意味ではたいへんなうそつきである. しかし, その人のいうことのさかさまは必ずほんとうなのだから, 有益な情報であるということもできる.

$$(-1)\times(-1)=1$$

ということである. 地震計のうそも, うそのつき方がきまっているのだから, たちがいい.

第7話　共鳴曲線

常数 ε, n を有する振子に, 外界から $a\sin pt$ という力が与えられた場合に対する運動方程式はつぎのとおりである.

$$\ddot{x}+2\varepsilon\dot{x}+n^2x=a\sin pt$$

これの解のうち, 定常の部分は

$$x=\frac{a}{\sqrt{(n^2-p^2)^2+4\varepsilon^2p^2}}\sin p(t-\tau)$$

$$\tan p\tau=\frac{2\varepsilon p}{n^2-p^2}$$

である．

x を書きかえると，

$$x=\frac{a}{n^2}\frac{\frac{n^2}{p^2}}{\sqrt{\left(\frac{n^2}{p^2}-1\right)^2+\frac{4\varepsilon^2n^2}{n^2p^2}}}\sin p(t-\tau)$$

となるが，$\frac{n}{p}=u$，$\frac{\varepsilon}{n}=h$ とおくと

$$x=\frac{a}{n^2}\frac{u^2}{\sqrt{(u^2-1)^2+4h^2u^2}}\sin p(t-\tau)$$

$$\tan p\tau=\frac{2hu}{u^2-1}$$

となる．この強制振動のようすをあらわすのに，図 12-4，図 12-5 のようなものが使われるのが普通である．

図 12-4 は $\frac{u^2}{\sqrt{(u^2-1)^2+4h^2u^2}}$ を，図 12-5 は $\tan^{-1}\frac{2hu}{u^2-1}$ を示している．いずれも h をパラメータとしている．これがいわゆる共鳴曲線であるが，2つの図をみくらべなければほんとの様子がわからないというのは，いかにも不便である．

ところがここにうまい考えがある．強制振動のうち，力

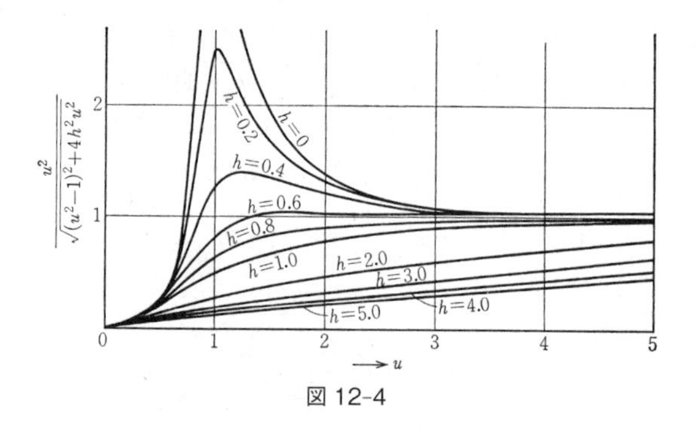

図 12-4

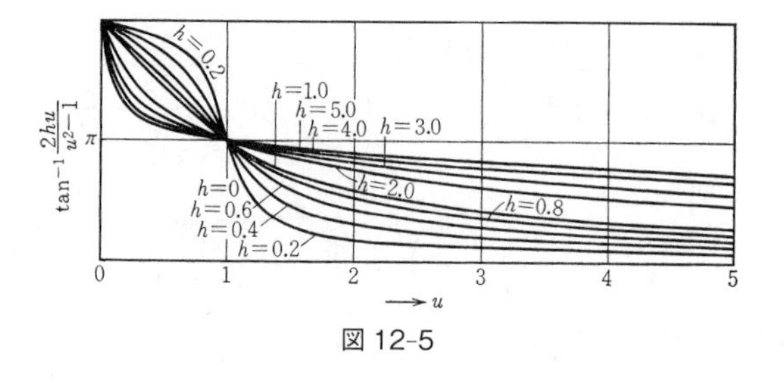

図 12-5

と同位相にある分は

$$P=\frac{n^2-p^2}{(n^2-p^2)^2+4\varepsilon^2p^2}=\frac{1}{n^2}\cdot\frac{(u^2-1)u^2}{(u^2-1)^2+4h^2u^2}$$

位相が $\pi/2$ だけちがう分は

$$Q=-\frac{2\varepsilon p}{(n^2-p^2)^2+4\varepsilon^2p^2}=-\frac{1}{n^2}\cdot\frac{2hu^3}{(u^2-1)^2+4h^2u^2}$$

である．そこで

$$P' = \frac{(u^2-1)u^2}{(u^2-1)^2+4h^2u^2},\quad Q' = \frac{-2hu^3}{(u^2-1)^2+4h^2u^2}$$

とおいて，横軸に P'，縦軸に Q' をとって，この関係を示すことができる．ところが面白いことがある．

$$\frac{P'}{(u^2-1)} = -\frac{Q'}{2hu}$$

だから

$$h = -\frac{Q'}{P'}\frac{(u^2-1)}{2u}$$

となり，これを P' の式に入れて

$$P' = \frac{(u^2-1)u^2}{(u^2-1)^2+\frac{Q'^2}{P'^2}(u^2-1)^2} = \frac{u^2}{(u^2-1)\left\{1+\frac{Q'^2}{P'^2}\right\}}$$

すなわち

$$\left(P'-\frac{1}{2}\cdot\frac{u^2}{u^2-1}\right)^2+Q'^2 = \frac{u^4}{4(u^2-1)^2}$$

が得られる．これは

$$P' = \frac{1}{2}\cdot\frac{u^2}{u^2-1},\quad Q' = 0$$

に中心をもち，$\dfrac{u^2}{2(u^2-1)}$ を半径とする円に他ならない．つまり u が同じであれば，$P'Q'$ 座標軸の同じ円の上にのるのである．これははなはだ面白い性質である．$u^2 \to \infty$ になれば半径は 1/2 に，直径は 1 に近づく．

また $h=$ 一定の曲線群は，上記の円群と交わる．だか

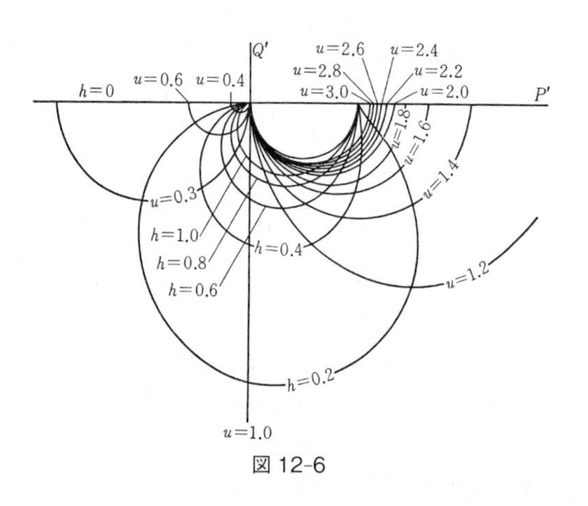

図 12-6

ら u と h とが与えられれば，その u と h とで定められる点と原点との間の距離 $\sqrt{P'^2+Q'^2}$ が，強制振動の振幅に相当し，またそれが P' 軸となす角が，位相差をあらわすことになる．その図は図 12-6 のようになる．

これは，共点図表（計算図表）の一種であるが，ちょっと面白いケースだと思う．

第 8 話　最短振子

重心のまわりの慣性能率が $I=Mk^2$ であるような振子があるとする．重心から h の距離にある軸を中心としてこの振子を振動させると，その周期 T は

$$T=2\pi\sqrt{\frac{M(k^2+h^2)}{Mgh}}$$

によって与えられる．これは

$$T = 2\pi\sqrt{\frac{P}{g}},\ \ P = \frac{k^2+h^2}{h}$$

と書くことができるが，P は振子に関する常数である．この振子を方々にはこんで重力 g の値を測るときには，T の微分を考えて

$$\frac{\Delta T}{T} = -\frac{1}{2}\frac{\Delta g}{g}$$

という関係を利用するわけである．ところが，この式が成立するためには，振子の常数 P が厳密に一定でなければならない．しかし実際の振子では，軸になるナイフエッジ（刀の形をした軸受け）が摩滅するとか，変形するとか，いろいろやっかいなことがおこるのである．そこで，支えの位置 h が少しくらい変わっても，振子の常数 P が変わらないようなものが要求される．これははなはだ虫のよい話であるけれども，ぜひそうしたいのである．つぎのようにすればそれができる．

$$P = \frac{k^2+h^2}{h}$$

であるから

$$\frac{dP}{dh} = \frac{2h^2-(k^2+h^2)}{h^2}$$

であり，これが 0 ならばよいわけだ．

$$2h^2-(k^2+h^2) = 0$$

から

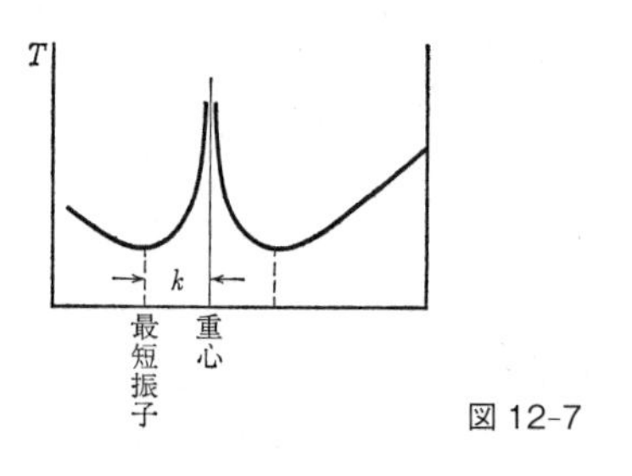

図 12-7

$$h = k$$

が得られる．つまり，重心から，ちょうど回転半径にあたるところを軸として振動する振子は，その軸の位置が少しくらい変わっても周期に変化は生じない．

振子の周期 T と h との関係は，図 12-7 に示すようである．$h=0$ になれば，周期 T は ∞ になるが，その両側に周期の極小が1つずつある．その極小を与えるのが $h=k$ のところなのである．だから k のところで支えた振子を最短振子という．現在使われている重力振子は，ほとんどみなこの形式をとっている．

周期が最短であるというそのことよりも，h が少しくらい変わっても，振子の常数が変わらないということの方が，測定としては，ものをいっているのである．

第9話　ころがる振子

振子を振動させるときに，軸のところの摩擦が問題になる．摩擦が大きいと，はやく止まってしまう．天秤でも，

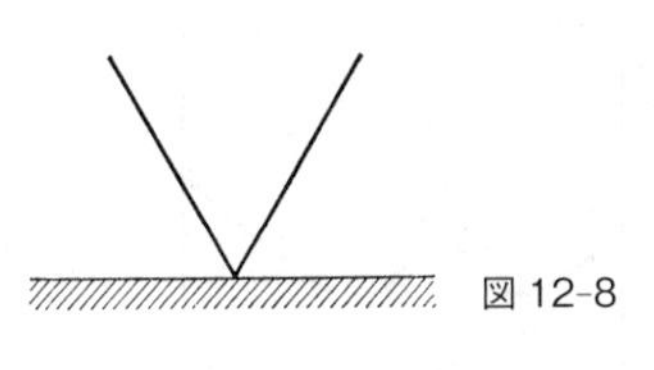

図 12-8

重力振子でも，ここが悩みの種である．このような精密な振子では，たいてい，ナイフエッジが使ってある．メノウか特殊鋼でするどい刃をつくって，それが図 12-8 のように平らな座の上にのるようになっている．実際のナイフエッジが，この図のようになっていれば問題はないが，なかなかそうはいかない．

ナイフエッジの刃の幅が 0.01 mm，長さが 1 cm であるとすれば，そこの面積は 0.001 cm^2 である．振子の目方が 500 g であるとすれば，そこにかかる圧力は 500 kg/cm^2 である．これだけの圧力がかかって，ナイフエッジが文字どおりナイフエッジでありうるはずはない．刃の先はつぶれているにちがいないのである．どのくらいつぶれているものだろうか．

もしもナイフエッジが，文字どおりナイフエッジであるならば，振子の振幅 α と，周期の T との間には

$$T = T_0\left(1+\frac{\alpha^2}{16}\right)$$

という関係があることは，力学の教えるとおりである．$\alpha=0$ のときの周期が T_0 である．振幅 α が大きくなれば周期は長くなる．

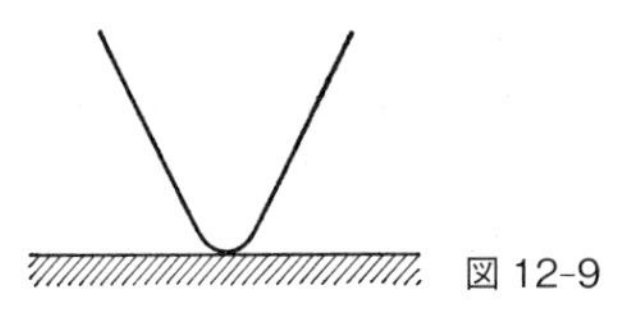

図 12-9

ところが私の経験によると，どんなにナイフエッジをていねいに工作しても，α^2 の係数は 1/16 にならない．1/13 くらいなのである．これはどうしたことか．

これは，ナイフエッジがナイフエッジでないことを示している．それならどうなっているのだろうか．

振子の軸がナイフエッジでなくて，半径 r のシリンダーであるときには，周期 T と振幅 α との間の関係は

$$T = T_0\left\{1+\left(\frac{1}{16}+\frac{r}{4L}\right)\alpha^2\right\}$$

によって与えられる．L は相当単振子の長さである．

私の実験によると

$$\frac{1}{16}+\frac{r}{4L}=\frac{1}{13}$$

であり，$L = 25\,\mathrm{cm}$ であったから，$r \fallingdotseq 1.4\,\mathrm{cm}$ ということになる．ナイフエッジどころか，丸太棒である．半径 1.4 cm の丸太棒でゴロゴロころがっているわけである．もっとも，この曲率半径を示している部分それ自身の幅は，きわめてせまいものなのであろう．だから，実状は図 12-9 のようになっているものと思われる．振子をもちあげてみると，ナイフエッジはちゃんとナイフエッジにもど

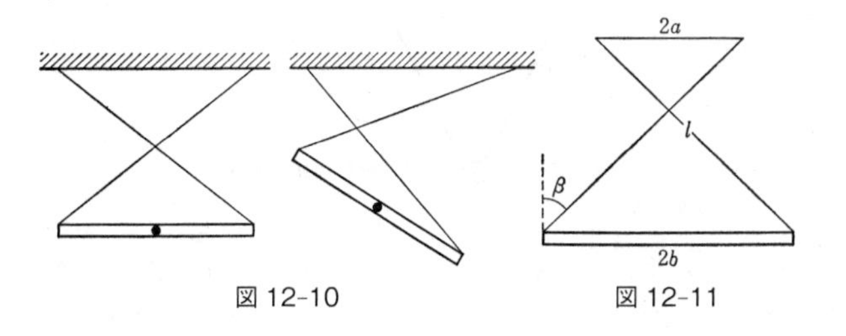

図 12-10　　図 12-11

って，もとの図 12-8 のようになっている．

$\frac{1}{16}\alpha^2$ などという数学的結論を，物理学的に盲信してはいけない．

第 10 話　たすきがけ振子

図 12-10 のように，横棒をたすきがけにした振子がある．これが図 12-10（右）のようにふれれば，横棒の重心の高さは変わる．糸の長さ，棒の長さを適当にとることによって，高さの変化がないようにすることはできないか．もしもそれができるというならば，この振子の周期は無限大になる．

この問題の答を数学的に求めるのは，かなりやっかいである．私のやり方では，2 ページくらいを式でうずめることになるから，それは遠慮しよう．エレガントな解法があったら，お教えねがいたい．しかし結論は簡単である．

図 12-11 のような符号を使うと，振子が少しくらいふれても重心の高さが変わらないための条件は

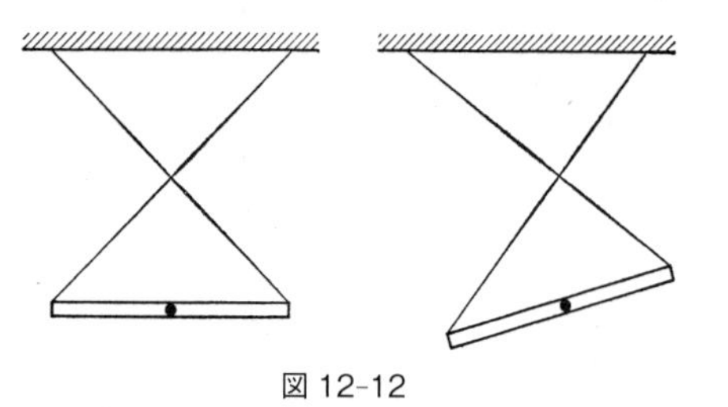

図 12-12

$$(a+b)^3 = bl^2$$

である．もしも $a=b$ であるならば，この条件は

$$l = 2\sqrt{2a}$$

である．すなわち，振子は，図 12-12（左）に示したように正方形をしているのである．図 12-12（右）のように振子をふらせてみても，重心の高さはほとんど変わっていない．

第2部　微分方程式雑記帳

1.

物理学と微分方程式

物理学には，いろいろの微分方程式がでてくる．それには簡単なものも，複雑なものもある．そのような微分方程式はどうすれば解くことができるか，ということを考えるのは，数学者の仕事である．しかし，ある物理現象がどういう微分方程式によって記述されるかということを考えるのは物理学者の仕事である．また，その微分方程式の解と称せられるものが，どういう意味をもっているかという解釈をするのも物理学者の仕事である．こういうと数学者と物理学者とを，妙に厳密に区別したようである．しかし，そこに数学者，物理学者という別々の人がいることは必ずしも必要ではない．1人の人がこの2役を演じたって，少しもかまわない．微分方程式をたて，それを解き，その解釈をするという，ひとつづきの作業のなかに，物理学的であったり，数学的であったり，いろいろの面がいりまじることがあるというだけのことである．

私はこのいりまじりを面白いと思う．どれを数学というか，どれを物理学というか，そんなことは実はどうでもいい．その2つの交流にこそ，自然の姿があらわれていると私は思う．物理学的の量の関係が，なぜ数学で取り扱えるのか．物理量というのは，客観的の量ではないか．それが，いくつかの公理から出発して，人間が頭の中だけでつくり出した数学というものによって取り扱えるとは不思議ではないか．物理が数学にあわなければならない理由はどこにもないではないか．こういう議論をよく耳にする．けれども，物理学の法則というものの成り立ちにたちもどって考えてみると，これはそう不思議なことでもないように思われる．

物理学の法則というけれども，数学的表現をかりないで宣言できる法則というものがあるだろうか．またその法則に出てくる量というものは，その法則とまったく別個に存在するものだろうか．私にはどうしてもそうとは考えられない．

たとえば1つの棒の長さというような一見簡単な量だって，それをどうやって測るかという方法を考えなければ，それを定義することはできないだろう．物指しをあてて棒の両端の目盛を読んで，その目盛の差をとり，それを長さと名づけるのだが，その両端の目盛を読むのは，同時，あるいは同時という条件に補正されうるものでなければならない．右の目盛を読んだとき，そこから何か信号を送って，その信号をうけると同時に左の目盛を読むわけだが，その信号の伝わる速さがすぐに問題になる．その信号の伝わる速さについて，なんらかの物理的の知識がなければ，測定は意味をなさないだろう．その伝わる速さが速いとかおそいとか，一様だとかいう知識がなければ，だめである．この速いとかおそいとか，一様だとかいう知識は，数式によらなければ，それを表現することはできないではないか．

$x=vt$ という数学なしに，速いとかおそいとか，一様だとかいえるはずはない．そもそも，速さという量だって規定できるわけはないだろう．物理的量の間に存在する関係を数式によってあらわすのではなくて，数式によって物理的量がはじめて規定されるのだといっても，決していいすぎだとは思わない．

$F=ma$ だって，F という物理量，m という物理量，a という物理量があって，m と a とをかけたら F になったというのではないことは，よく知られているとおりである．この式は F と m とを同時に定義しているとみてもいいだろう．すなわち，このニュートンの法則というものは，法則というよりはむしろ F や m の定義だといったって，ある意味ではほんとうだろう．ただ，むやみやたらの定義ではないことはもちろんであって，意味のある有効な定義でなければならないのはいうまでもない．

$x=vt$ は $\dfrac{dx}{dt}=v$ ということであり，$F=ma$ は $F=m\dfrac{d^2x}{dt^2}$ ということである．両方とも微分方程式である．

物理と数学との関係が，このように，微分方程式によって仲介されている場合が非常に多い．もちろん非常に多いというだけで，全部が全部，微分方程式だというわけではない．積分関係の場合もあるし，変分関係の場合もある．まあしかし，現象の空間的，時間的の微分関係から出発する場合が多いのは事実である．

そこで，微分方程式を中心にして，これから，物理学と数学との関係を考えてみたいと思うのである．

しかしその前におことわりしておかなければならないことは，私の数学の専門的素養がきわめて貧弱だということである．数学に練達な人からみたら，まったく小学生程度である．それだから，かえってやさしいことにこだわり，もうとっくにわかりきっていることに今更ながら感心したりするのである．ところが，そのようなことがらは，案外，正統的な教科書には書いてない．そういうことをこれから何回かにわたって，あまり系統だてずに述べてみようというわけなのである．臆面もなく，といいたいところである．

しかし，こういうのも悪いことではないだろう．超特急の数学列車や物理列車で景色もみずにすっとばすのもいいだろうが，ピクニックでトコトコ歩いて，野に咲く花や川に泳ぐ魚を眺めるのも，また面白かろうと思うのである．

微分方程式を解くとは

さて何からはじめようか，微分方程式といえば，

$$\frac{dx}{dt} = x \tag{1}$$

とか，

$$\frac{d^2x}{dt^2} = -n^2x \tag{2}$$

とかいうものがある．こんなのは，簡単のなかの簡単なも

のである．

（1）の解は　$x = Ae^t$

（2）の解は　$x = B\cos nt,\ C\sin nt$

である．これで微分方程式は解けたといって安心する．答案ならば及第である．しかし，“解けた”というのはいったい何のことなのだろうか．たとえば，ベッセルの方程式

$$\frac{d^2y}{dr^2} + \frac{1}{r}\frac{dy}{dr} + \left(k^2 - \frac{n^2}{r^2}\right)y = 0 \qquad (3)$$

の解は，

$$y = AJ_n(kr)$$

であるというとき，これで“解けた”といって抵抗を感じないであろうか．少なくとも私は，抵抗を感じる．つまりこれは，こうやって J_n という関数が定義されたのに過ぎないではないか．ご承知のように，（3）の方程式を“解く”については，y が r のベキ級数であると考えて，方程式（3）が成り立つように各項の係数の間の関係をきめるのである．そして，そのような級数に J_n という名前を与えるだけのことである．

微分方程式を解くというのは，それにあらわれている y なら y を，既知の関数によってあらわすことだというのがふつうだと思うが，“既知”というのは，そもそも何のことなのだろうか．$\dfrac{dx}{dt} = x$ の解を，$x = Ae^t$ と書いて，解けたつもりになって安心しているが，この場合 e^t という関数は“既知”なのだろうか．また，なぜ“既知”なの

だろうか．方程式 (3) の解が J_n だといって抵抗を感じるのなら，e^t の場合だって抵抗を感じていいはずではないか．J_n の場合とどこがちがうのだろうか．

ある横文字の教科書をみたら

"… we *define* the exponential function *par excellence* as being that solution of the equation

$$\frac{dy}{dx} = y$$

which is equal to unity when $x = 0$."

とちゃんと書いてあった．定義だというのである．"解ける" というのは "定義できる" ということなのか．それとも，もうちゃんと数表でもできている関数によってあらわすということなのか．同じ教科書に，

"The process of passing from a given differential equation to the general relation between the variables which it implies is called 'solving' or 'integrating' the equation."

と書いてある．しかしこの general relation という言葉の意味は判然としない．微分方程式そのものだって，general relation の 1 つではないのか．

このように考えてくると，微分方程式を "解く" ということばの意味が，だんだんわからなくなってしまうのである．まあ，この general relation というのには，微分符号を含まないということが必要なのであろう．ところが，微分方程式の "解" がもっているいろいろの特質というもの

は，その解を求めなければわからないかというと，決してそうばかりとはいえない．

解を求めなくてもわかる性質

たとえばこういうことがある．

$$\frac{dx}{dt} = x$$

の解は $x = Ae^t$ である．また

$$\frac{dy}{dt} = -y$$

の解は $y = Be^{-t}$ である．そこで x と y の積をつくると，

$$xy = Ae^t \times Be^{-t} = AB = \text{常数}$$

となる．しかしこのことは，解を求めなくてもわかるのである．

$$\begin{array}{l|l} \dfrac{dx}{dt} = x & y \\ \dfrac{dy}{dt} = -y & x \end{array}$$

上の式に y をかけ，下の式に x をかけて加えれば

$$y\frac{dx}{dt} + x\frac{dy}{dt} = xy - xy = 0$$

すなわち

$$\frac{d}{dt}(xy) = 0$$

ゆえに

$$xy = \text{常数}$$

ということになる．それぞれの解を求めなくても，このことはわかる．

もう少し高尚（？）な問題としては，関数の直交性がある．直交性というのは，次のようなことである．いま

$$\frac{d^2y}{dx^2}+n^2y=0 \tag{4}$$

という微分方程式があったとする．そして y の条件として，

$$\left.\begin{array}{lll} x=0 & \text{で} & y=0 \\ x=1 & \text{で} & y=0 \end{array}\right\} \tag{5}$$

を満足しなければならないものとする．方程式（4）の解は，一般には

$$y = A\cos nx + B\sin nx$$

である．しかし，上の2つの境界条件（5）を満足させるためには

$$A = 0$$

かつ

$$\sin n = 0$$

でなければならない．したがって

$$n = m\pi \qquad (m \text{ は } 0 \text{ または整数})$$

でなければならない．よって境界条件を満足する解は，

$$y = \sin\pi x,\quad \sin 2\pi x,\quad \sin 3\pi x,\quad \cdots$$

などである．解はいくつもあるわけだが，そのうちの任意の2つをとり，その積をつくり，それを x について，0か

ら1まで積分する．たとえば

$$\int_0^1 \sin \pi x \cdot \sin 2\pi x \, dx = \frac{1}{2}\int_0^1 \{\cos \pi x - \cos 3\pi x\} dx$$
$$= \frac{1}{2}\left|\frac{1}{\pi}\sin \pi x - \frac{1}{3\pi}\sin 3\pi x\right|_0^1$$
$$= 0 \qquad (6)$$

である．すなわち，微分方程式の解のうちで与えられた境界条件を満足するもの——固有関数——の勝手な2つをとり，その積を，いま考えている変域（$0 \leqq x \leqq 1$）に積分すると，それは0になるのである．これが，直交性といわれる性質である．

しかし，この直交性は，上のように解を求めて，実際に積分してみなくても，次のようにすれば直接にわかる．

われわれの考えている微分方程式は

$$\frac{d^2y}{dx^2} + n^2 y = 0 \qquad (4)$$

であるが，その解で，かつ境界条件〔$x=0, x=1$ で $y=0$〕を満足するものが，y_1 と y_2 であったとする．すなわち

$$\frac{d^2y_1}{dx^2} + {n_1}^2 y_1 = 0 \quad \Big| \quad y_2$$
$$\frac{d^2y_2}{dx^2} + {n_2}^2 y_2 = 0 \quad \Big| \quad y_1$$

そこで上の式に y_2 を，下の式に y_1 をかけて，引き算をすると，

$$y_2\frac{d^2y_1}{dx^2}-y_1\frac{d^2y_2}{dx^2}+{n_1}^2y_1y_2-{n_2}^2y_1y_2=0$$

すなわち

$$\frac{d}{dx}\left[y_2\frac{dy_1}{dx}-y_1\frac{dy_2}{dx}\right]=({n_2}^2-{n_1}^2)y_1y_2$$

よって

$$\int_0^1 y_1y_2dx=\frac{1}{{n_2}^2-{n_1}^2}\left|y_2\frac{dy_1}{dx}-y_1\frac{dy_2}{dx}\right|_0^1$$

となる．ところが $x=0, x=1$ で $y_1=0, y_2=0$ であり，また $n_1 \neq n_2$ であるから

$$\int_0^1 y_1y_2dx=0 \qquad (7)$$

である．すなわち，y_1 と y_2 とは直交しているのである．このやり方では，1つ1つの解を求めるという手数はふまなかった．それでも直交性は出てくるのである．このことは面白いと思う．

この直交性ということは，任意の関数をたとえばフーリエ級数に展開するときに，重要な関係をもってくるのだけれども，そのことについては，いずれのべることにしよう．

1つの微分方程式から他の微分方程式へ

いま，1つの微分方程式

$$\frac{dx}{dt}=-nx \qquad (8)$$

を考える．その解は$x=e^{-nt}$である．ところで，この微分方程式をtについて，もういっぺん微分すれば

$$\frac{d^2x}{dt^2}=-n\frac{dx}{dt} \tag{9}$$

となる．(8) にnをかけ，(9) と辺々加えあわせると

$$\frac{d^2x}{dt^2}+2n\frac{dx}{dt}+n^2x=0 \tag{10}$$

となる．これは，みなれた振子の振動の方程式にほかならない．振子の方程式は，ふつうは

$$\frac{d^2x}{dt^2}+2\varepsilon\frac{dx}{dt}+n^2x=0 \tag{11}$$

と書く．そしてεとnとの大小関係によって解の形がちがう．$n>\varepsilon$ならば

$$x=Ae^{-\varepsilon t}\cos(nt+\alpha) \tag{12}$$

であり，$n=\varepsilon$ならば

$$x=(A+Bt)e^{-\varepsilon t} \tag{13}$$

であり，$n<\varepsilon$ならば

$$x=Ae^{-q_1t}+Be^{-q_2t} \tag{14}$$

$$(q_1=\varepsilon-\sqrt{\varepsilon^2-n^2},\quad q_2=\varepsilon+\sqrt{\varepsilon^2-n^2})$$

である．(10) はこのうちで$\varepsilon=n$の場合にあたるのであって，(13) のうちの$x=Ae^{-\varepsilon t}$が (8) の解として，はじめからわかっていた．(8) をtについてもう１回微分したときに，もとの$Ae^{-\varepsilon t}$という解は，そのまま保有される．しかしそのほかに別のものが入ってくる．それが (13) の$Bte^{-\varepsilon t}$であったわけである．

これは，つぎの事情と同じことである．

$$\frac{dy}{dx}=0 \tag{15}$$

の解は

$$y=c$$

であり，これは，(15) をもう1回微分した

$$\frac{d^2y}{dx^2}=0 \tag{16}$$

の解でもある．しかし，(16) の解にはそのほかに

$$y=ax$$

というのも，あらたに入ってくる．ともかく，$\frac{dx}{dt}=-nx$ という方程式だけから，$\varepsilon=n$ の場合の振動方程式が出てくることは面白いと思う．

連立微分方程式から振動の微分方程式が出る！

ところが面白いことに，つぎのような連立微分方程式からも，振動の方程式が出てくるのである．これはかつて田宮博博士から注意されたことなのであるが，じつに面白いことだと思うので紹介する．ここに x と y という2つの量があって，つぎのように互いに関連しあっているとする．

$$\frac{dx}{dt}=ax+by \tag{17}$$

$$\frac{dy}{dt} = cx + dy \tag{18}$$

つまり x の消長が現在の x と y とできまり，y の消長が現在の x と y とできまるとするのである．（17）を t で微分すると

$$\frac{d^2x}{dt^2} = a\frac{dx}{dt} + b\frac{dy}{dt} \tag{19}$$

また（17）から

$$y = \frac{1}{b}\frac{dx}{dt} - \frac{a}{b}x$$

これを（18）に代入すれば

$$\frac{dy}{dt} = cx + \frac{d}{b}\frac{dx}{dt} - \frac{ad}{b}x \tag{20}$$

よって（19）は

$$\begin{aligned}\frac{d^2x}{dt^2} &= a\frac{dx}{dt} + bcx + d\frac{dx}{dt} - adx \\ &= (a+d)\frac{dx}{dt} + (bc-ad)x\end{aligned}$$

すなわち

$$\frac{d^2x}{dt^2} - (a+d)\frac{dx}{dt} + (ad-bc)x = 0 \tag{21}$$

となる．y についてもまったく同じで

$$\frac{d^2y}{dt^2} - (a+d)\frac{dy}{dt} + (ad-bc)y = 0 \tag{22}$$

となる．

（21），（22）は振動の方程式にほかならない．x, y の時間的変化としてふつうの減衰振動が起こるためには

$$a+d<0$$
$$ad-bc>0$$
$$\sqrt{ad-bc}>-\frac{1}{2}(a+d)$$

となっていればよいわけである．たとえば

$$a=-2,\ b=-1,\ c=1,\ d=-2$$

であればよい．そのときは，もとの式（17），（18）は

$$\left.\begin{aligned}\frac{dx}{dt}&=-2x-y\\ \frac{dy}{dt}&=x-2y\end{aligned}\right\} \tag{23}$$

で，（21）に対応する振動方程式は

$$\frac{d^2x}{dt^2}+4\frac{dx}{dt}+5x=0 \tag{24}$$
$$\frac{d^2y}{dt^2}+4\frac{dy}{dt}+5y=0 \tag{25}$$

である．振動といえばすぐ

$$\frac{d^2x}{dt^2}+2\varepsilon\frac{dx}{dt}+n^2x=0$$

で，慣性力と減衰力と復元力とがつりあっていると割切ってしまっては，面白くもおかしくもないということをこの例はよく示していると思う．

2.

物理には，ある量が時間的にどう変化するかということが問題になる場合が多い．それが2階の時間微分で，たとえば d^2x/dt^2 であるというなら，これは運動方程式でおなじみの形になるわけだが，今回はそこまでいかないで，1階の時間微分の話に止めておこう．そしてその dx/dt が，x それ自身の関数であるような場合を，いくつか考えてみよう．

2つの現象

いちばん簡単な例として，こんなことを考えてみる．

図2-1のように，気体の容器があって，その中の圧力が P であるとする．そして，外の圧力は P_0 で一定であるとする．この容器には小さな穴があいていて，そこからだんだん気体がもれる．気体がもれ出す速さは，内外の圧力の差 $(P-P_0)$ に比例する．だから，P が時間的にどう変化するかということを与える微分方程式は

$$\frac{dP}{dt}=-a(P-P_0) \tag{1}$$

である．(1) は

$$\frac{dP}{P-P_0}=-adt$$

となるから，両辺を積分して

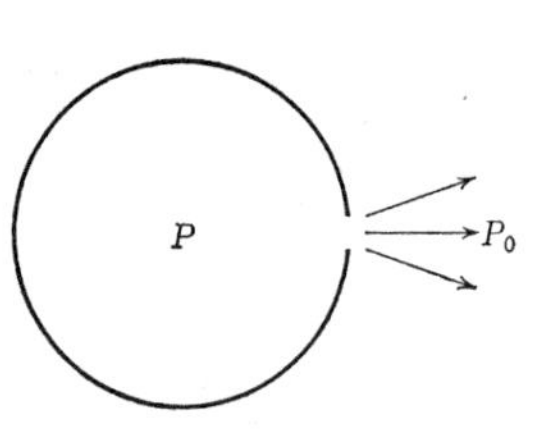

図 2-1

$$\log(P-P_0) = A-at$$

よって

$$P-P_0 = e^{A-at} = \alpha e^{-at}$$

である．$t=0$ のときの P を $P_{(0)}$ とすれば

$$P_{(0)}-P_0 = \alpha$$

であるから，けっきょく

$$P-P_0 = \{P_{(0)}-P_0\}e^{-at} \qquad (2)$$

となる．あるいは

$$P = P_0+\{P_{(0)}-P_0\}e^{-at} \qquad (3)$$

ということになる．これが，微分方程式 (1) の解である．これは図 2-2 に示すように，容器のなかの圧力が $P_{(0)}$ から出発して，時間に対して指数曲線に沿ってだんだん減っていき，P_0 にしだいに近づくということを示している．すこぶる簡単で明瞭である．

形式的にこれに似た現象はまだいくらでもある．たとえば，放射性原子がだんだん崩壊していって，その数が減っていくというような現象がそれである．はじめにあった原子の数を n とする．単位時間の間に 1 つの原子が崩壊する確率を α とすると，時間 dt の間には，全体 n 個のう

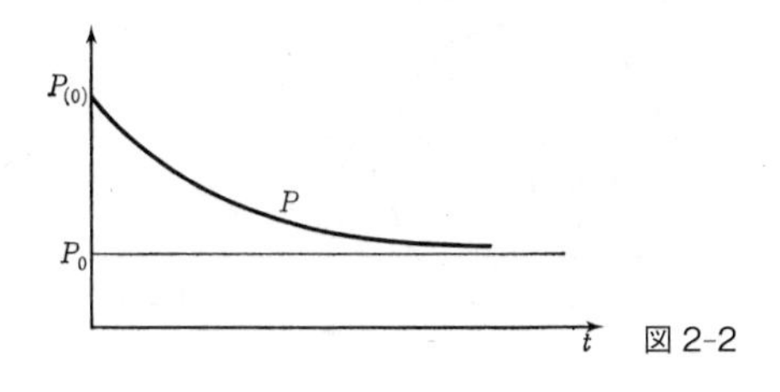

図 2-2

ち，αndt だけ減るであろう．だから

$$dn = -\alpha ndt$$

ということになる．よって n の微分方程式は

$$\frac{dn}{dt} = -\alpha n \tag{4}$$

となり，その解は

$$n = n_{(0)}e^{-\alpha t} \tag{5}$$

となることは，明らかである．$n_{(0)}$ は，$t=0$ のときの原子の数であることはもちろんである．この場合も，n が時間に対して指数曲線に沿って減っていくのである．

同じような微分方程式でも意味がちがう

上の2つの現象をみると，両方とも指数曲線に沿った減少というものが出てきている．ハハア，この2つの現象はみかけはちがうけれども，もとをたずねてみると，同じような原則になっているのだナ，といいたいところだが，そう早合点しては困る．微分方程式の数学的の形式は同じようなものだが，その意味はたいへんにちがうと思う.

気体の場合に，容器からもれて出ていく量が，そのときの圧力 P に比例するというのは，それが残りの気体におし出されるからなのであって，いわば全体としての物理的の理由によるのである．ところが，放射性原子の場合に，崩壊する原子の数が，そのときの原子全部の数に比例するというのは，単に確率ということからそうなるのであって，残りの原子から影響をうけてそうなるわけではない．他に原子があろうとも，あるいはなかろうとも，1つの原子が崩壊する確率には，何の影響もないとするのが，物理の考え方である．

このように，ちがった2つの現象の微分方程式が同じようになったからといって，そのもとのところまで同じだと考えてはいけない場合もあるのである．ちがった2つの現象が同じ微分方程式になることがあるということは実に面白いことであり，それによって，自然の理解が深められるということはもちろんあるし，またそういう場合がむしろ多いであろう．

しかし，逆に同じ微分方程式になるからといって，そのもとの意味まで同じだと考えてはいけない場合があることを忘れてはなるまい．

気体の場合に，分子運動まで考えると，1つの分子が容器の穴のところへ，ある向き，ある速度で飛んで来るという確率が実は問題になるのだろう．しかし，その確率というものも，他の分子との衝突ということに関係するはずだ

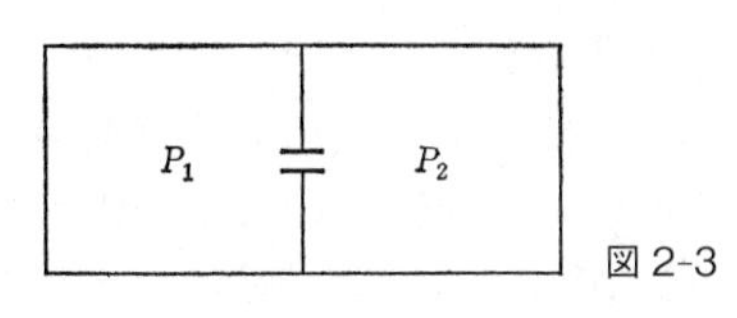

図 2-3

から，放射性原子の場合のように，その確率がそれぞれの原子に内在しているというのとは話がちがうと思う．アナロジーというものは，こんなところに危険な陥し穴をもっているものである．

指数曲線と双曲線

容器の気体の問題にもどろう．前の場合には，外の圧力はいつも一定で P_0 であるとしたが，これはむしろ特別な場合である．もう一方の特別の場合というのは，容器からもれ出た気体が，外の圧力を上げるというようなときである．それには図 2-3 のようなものを考えればよい．

容器が 2 つの室からできている．そして室の圧力がそれぞれ P_1, P_2 で，容積は等しいとしておく．いま $P_1 > P_2$ だとすれば，気体は左の室から右の室に出ていく．そして P_1 の圧力は下がり，P_2 の圧力はそれだけ上がる．P_1, P_2 に対する微分方程式は

$$\frac{dP_1}{dt} = -a(P_1 - P_2) \tag{6.1}$$

$$\frac{dP_2}{dt} = a(P_1 - P_2) \tag{6.2}$$

としてよいであろう．

（6.1）から

$$\frac{d^2P_1}{dt^2} = -a\frac{dP_1}{dt} + a\frac{dP_2}{dt} \qquad (7)$$

また，（6.1）から

$$P_2 = \frac{1}{a}\left(\frac{dP_1}{dt} + aP_1\right) \qquad (8)$$

である．（8）を（6.2）に代入すると

$$\frac{dP_2}{dt} = aP_1 - \frac{dP_1}{dt} - aP_1$$
$$= -\frac{dP_1}{dt} \qquad (9)$$

（9）を（7）に代入すると

$$\frac{d^2P_1}{dt^2} = -2a\frac{dP_1}{dt} \qquad (10)$$

となり，これが P_1 をきめる微分方程式になる．（10）を積分すれば

$$\frac{dP_1}{dt} = Ae^{-2at}$$
$$P_1 = P_{1(0)}e^{-2at} \qquad (11)$$

である．$P_{1(0)}$ は，$t=0$ における P_1 の値である．これを，前の（3）の式とくらべると面白い．（3）の式で $P_0=0$ とすれば

$$P = P_{(0)}e^{-at}$$

となる．e の肩は $-at$ であるが，（11）の場合には $-2at$

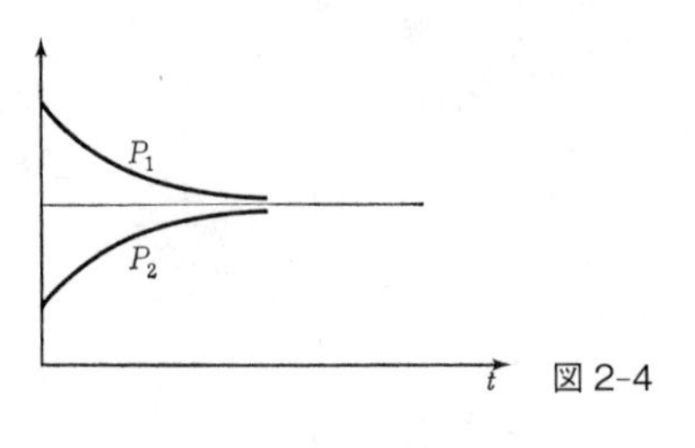

図 2-4

となっている．つまり，(11) の場合には P_1 は，はやくその最終値に近づくのである．P_1, P_2 の変化は図 2-4 のようになるわけである．

放射性原子の崩壊の場合には，崩壊の確率は，原子に固有なものであって，他の原子の存在によっては影響されないと考えられているのである．しかし，すべての崩壊現象がそういうものだとは考えられない．

たとえば，ある体積のなかに，粒がたくさん入っていて，さかんに衝突しあっている．そして2つの粒が衝突すると，われてしまって，飛び散るとか，脱落するとかしてしまうとする．このような場合には，衝突の回数は，そこにある粒の数によってきまり，粒の数が大きければ大きいほど，衝突はしばしばおこる．粒の数が n 個あるとすると，衝突の数は $n(n-1)/2$ に比例すると考えてよいだろう．そして，1度の衝突ごとに，粒は2つずつ失われるのだから，粒の数 n の微分方程式は

$$\frac{dn}{dt} = -n(n-1) \qquad (12)$$

としてよいかと思われる．1にくらべてnが非常に大きいとすれば，これは

$$\frac{dn}{dt} = -n^2 \qquad (13)$$

としてよいと思う．これから

$$-\frac{dn}{n^2} = dt$$

これを積分して

$$\frac{1}{n} = A+t$$

となる．よって

$$n = \frac{1}{A+t}$$

であるが，$t=0$では

$$n_0 = \frac{1}{A}$$

であるから，$A=\frac{1}{n_0}$である．したがって

$$n = \frac{n_0}{1+n_0 t} \qquad (14)$$

が解である．つまりnは，双曲線に沿って減少していくことになる．圧力の場合や，放射性原子の場合には，指数曲線が出てきたが，こんどの場合には，双曲線になった．これは面白い．

ところが，指数曲線と双曲線とは，ある場合にはそうちがったものではない．e^{-x} は，x が小さければ

$$\begin{aligned} e^{-x} &= \frac{1}{e^{x}} \\ &\fallingdotseq \frac{1}{1+x} \end{aligned}$$

なのであって，指数曲線と双曲線とはほとんど同じ形なのである．

時間とともに減る場合・ふえる場合

ある1つの量が，時間がたつにつれて漸近的の値に近づくという現象は，自然界にはいろいろある．空からふってくる雨粒の速さなどというのも，その例である．雨粒は重力によって加速されるけれども，空気の抵抗があってそれを邪魔する．そしてその抵抗が速さとともに増すようなものであるとする．抵抗が速度に比例するとすれば，そのときの微分方程式は

$$\frac{dv}{dt} = a - bv \tag{15}$$

としてよいだろう．

（15）から

$$\frac{dv}{a-bv} = dt$$

よって

$$a - bv = Ae^{-bt} \tag{16}$$

である．$t \to \infty$ となれば $a - bv = 0$，すなわち $v = a/b$ である．これが雨粒の終末速度といわれているものである．このことは，(15) の方程式を解かなくてもわかることで，$v = a/b$ ならば，(15) の右辺は 0 となるから，左辺の dv/dt も 0 になって，v は大きくなれないのである．

もしも抵抗が v^2 に比例するとすれば，v の微分方程式は

$$\frac{dv}{dt} = a - bv^2 \tag{17}$$

である．これをとけば，

$$\frac{\sqrt{a} - \sqrt{b}v}{\sqrt{a} + \sqrt{b}v} = Ae^{-2\sqrt{ab}t} \tag{18}$$

ということになるわけで，$t \to \infty$ になれば，右辺 $= 0$，よって

$$\sqrt{a} - \sqrt{b}v = 0$$

すなわち

$$v = \sqrt{a/b}$$

が雨粒の終末速度を与えるわけである．これも微分方程式をわざわざとかなくても，(17) からすぐわかることである．

上に述べたいくつかの話では，ともかく，ある物理量が時間とともに減るということを取り扱った．しかし，逆にふえる場合だってあるのは当然である．

形式的にいえば，たとえば

$$\frac{dn}{dt} = -\alpha n$$

の符号をかえて

$$\frac{dn}{dt} = \alpha n$$

とすればよいわけで，その解は

$$n = n_0 e^{\alpha t}$$

となって，n 自身も，またそれのふえる割合も，時間とともにどんどん大きくなるのである．

$$\frac{dn}{dt} = \alpha n^2$$

とすれば，ますますはげしい．

$$\frac{dn}{dt} = \alpha n^2$$

の解は

$$n = \frac{n_0}{\alpha n_0 t - 1}$$

となるから，$t = 1/\alpha n_0$ という時刻に n は無限大になってしまう．類は友をよぶ，とか，連鎖反応とかいうのが，このことなのであろう．

3.

拡散方程式

ここに 1 本の針金がある（図 3-1）．針金の方向を x と

T

x　$x+dx$　$\longrightarrow x$　図 3-1

し，$x=x$ における温度を T とする．T は x の関数で，$T(x)$ であらわす．さて，熱は温度の勾配に比例して，T の高い方から，低い方へ向かって流れる．時間 dt の間に，$x=x$ のところをとおって，左から右に向かって流れる熱量は，$k\dfrac{\partial T}{\partial x}dt$ である．また，同じ時間 dt の間に，$(x+dx)$ のところをとおって，左から右に向かって流れる熱量は，

$$k\frac{\partial T}{\partial x}dt+\frac{\partial}{\partial x}\left(k\frac{\partial T}{\partial x}dt\right)dx=k\frac{\partial T}{\partial x}dt+k\frac{\partial^2 T}{\partial x^2}dtdx$$

である．この両者の差だけの熱量が，dx の間の針金にたまって，その温度を高めるのだから

$$c\rho\frac{\partial T}{\partial t}=k\frac{\partial^2 T}{\partial x^2}\quad \text{すなわち}\quad \frac{\partial T}{\partial t}=\frac{k}{c\rho}\frac{\partial^2 T}{\partial x^2}\qquad(1)$$

（k：熱伝導率，　c：比熱，　ρ：密度）

である．これが，拡散方程式のいちばん簡単な場合である．

つぎに，粘性流体を考える（図 3-2）．流体の運動は，x 方向だけにおこるとして，その速度を $v(z)$ とする．深さ z のところに，厚さ dz の薄い層を考えると，この層は上下の面で速度勾配に比例した粘性の力を受ける．下の面の単位面積をとおしてうける力は，左向きに $\mu\dfrac{\partial v}{\partial z}dz$ であ

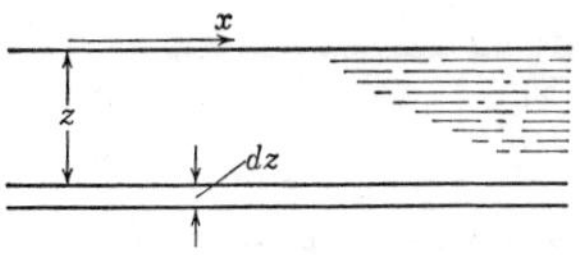

図 3-2

る．上の面の単位面積をとおしてうける力は右向きに

$$\mu\frac{\partial v}{\partial z}dz+\frac{\partial}{\partial z}\left(\mu\frac{\partial v}{\partial z}dz\right)=\mu\frac{\partial v}{\partial z}dz+\mu\frac{\partial^2 v}{\partial z^2}dz$$

である．この2つの力の差によって，この層には $\dfrac{\partial v}{\partial t}$ という加速度が生ずる．したがって，その運動方程式は

$$\rho\frac{\partial v}{\partial t}=\mu\frac{\partial^2 v}{\partial z^2}\quad すなわち\quad \frac{\partial v}{\partial t}=\frac{\mu}{\rho}\frac{\partial^2 v}{\partial z^2}\qquad (2)$$

（μ：粘性係数，　ρ：密度）

である．

方程式（1）と（2）とをくらべると，T と v とが対応している．針金に沿った温度の変化と，粘性流体の速度の変化とは，形式的に同じ法則に従うことがわかる．

さて，方程式（1）の $\dfrac{\partial^2 T}{\partial x^2}$，方程式（2）の $\dfrac{\partial^2 v}{\partial z^2}$ が，特に0であるような分布であったとすると，左辺の $\partial T/\partial t$，$\partial v/\partial t$ も0になる．温度も，速度も変化しない．それはどういう場合か．それはたとえば

$$\frac{\partial^2 T}{\partial x^2}=0$$

から

$$\frac{\partial T}{\partial x} = a$$

$$T = ax + b$$

ということである．すなわち，針金に沿った温度分布が一端から他端にむけて直線的になっている場合である．それには一端を一定の高温に，他端を一定の低温にしておかなければならないが，そうしておけば，温度分布は時間によって変化しない．いわゆる定常状態を保つ．

さて，温度分布が直線的だというのは，どういうことか．直線的というのは，勾配が一定ということである（図3-3）．では，勾配が一定というのはどういうことか．勾配が一定というのは，ある点の温度 T を考えたとき，その点がどこにあっても，その T が，その点の右と左の T の平均になっているということである．式で書けば

$$T(x) = \frac{1}{2a}\int_{-a}^{a} T(x+\xi)d\xi$$

ということである．どの x においてもこの関係が成立しているならば，温度分布は定常的で，時間に対して変化しない．

では，この関係が成立していなかったらどうなるか．ある点 x，ある時刻 t における温度を $T(x, t)$ とする．t が $(t+\tau)$ になると，

$$T(x, t+\tau) = T(x, t) + \frac{\partial T}{\partial t}\tau + \cdots \qquad (3)$$

である．また x が $(x+\xi)$ だと

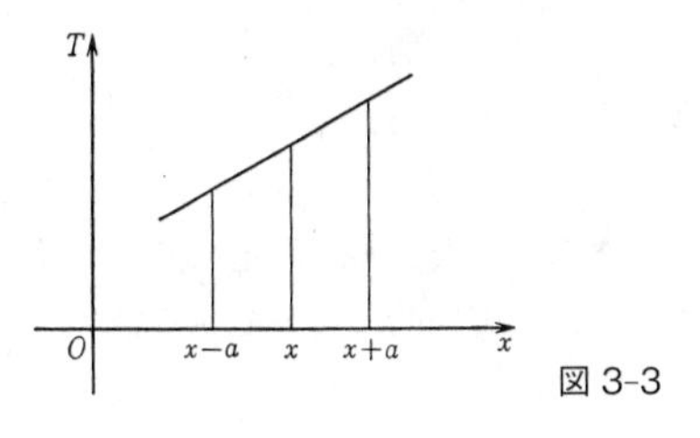

図 3-3

$$T(x+\xi,t)=T(x,t)+\frac{\partial T}{\partial x}\xi+\frac{1}{2}\frac{\partial^2 T}{\partial x^2}\xi^2+\cdots$$

である．そこで，これをξについて$-a$からaまで積分して，$2a$でわって，この範囲内の平均のTを求めると

$$\frac{1}{2a}\int_{-a}^{a}T(x+\xi,t)d\xi$$

$$=\frac{T}{2a}\int_{-a}^{a}d\xi+\frac{1}{2a}\frac{\partial T}{\partial x}\int_{-a}^{a}\xi\,d\xi+\frac{1}{4a}\frac{\partial^2 T}{\partial x^2}\int_{-a}^{a}\xi^2 d\xi$$

$$=T(x,t)+0+\frac{1}{6}\frac{\partial^2 T}{\partial x^2}a^2 \qquad (4)$$

となる．

そこで，(3) と (4) との差を考えると

$$T(x,t+\tau)-\frac{1}{2a}\int_{-a}^{a}T(x+\xi,t)d\xi=\frac{\partial T}{\partial t}\tau-\frac{1}{6}\frac{\partial^2 T}{\partial x^2}a^2$$

すなわち

$$T(x,t+\tau)=\frac{1}{2a}\int_{-a}^{a}T(x+\xi,t)d\xi+\frac{\partial T}{\partial t}\tau-\frac{1}{6}\frac{\partial^2 T}{\partial x^2}a^2 \qquad (5)$$

ということになる．ところが，拡散の方程式によると，

$$\frac{\partial T}{\partial t}=\frac{k}{c\rho}\frac{\partial^2 T}{\partial x^2} \qquad (1)$$

である．だから，もしも

$$\frac{a^2}{6\tau}=\frac{k}{c\rho}$$

のように τ をとれば，すなわち

$$\tau=\frac{c\rho a^2}{6k} \qquad (6)$$

のように τ をとれば，(5) は

$$T(x, t+\tau)=\frac{1}{2a}\int_{-a}^{a}T(x+\xi, t)d\xi$$

あるいは

$$\begin{aligned}&T(x, t+\tau)-T(x, t)\\&\quad=\frac{1}{2a}\int_{-a}^{a}T(x+\xi, t)d\xi-T(x, t)\end{aligned} \qquad (7)$$

ということになる．すなわち，$x=x$ の点において，時間が τ だけたつときに生ずる温度変化は，その点を中心として $\pm a$ の平均温度と，その点の温度との差に等しい．これが拡散ということの物理である．

2 次元の拡散方程式とラプラスの方程式

いままでは 1 次元の拡散を論じたけれども，2 次元の拡散でもまったく同じことである．2 次元の拡散の方程式は

$$\frac{\partial T}{\partial t} = \frac{k}{c\rho}\left(\frac{\partial^2 T}{\partial x^2} + \frac{\partial^2 T}{\partial y^2}\right) \tag{8}$$

である．前と同じように，

$$\frac{\partial^2 T}{\partial x^2} + \frac{\partial^2 T}{\partial y^2} = 0 \tag{9}$$

ならば，定常状態になり，温度分布は時間的に変化しない．さて，図3-4のように，いま考えている点を原点として，$r\theta$ 座標を考えて，半径 a の円内の T の平均値 $\overline{T}$ を求めてみよう．そのために

$$T(\xi, \eta) = T(0,0) + \frac{\partial T}{\partial x}\xi + \frac{\partial T}{\partial y}\eta + \frac{1}{2}\frac{\partial^2 T}{\partial x^2}\xi^2 + \frac{\partial^2 T}{\partial x \partial y}\xi\eta + \frac{1}{2}\frac{\partial^2 T}{\partial y^2}\eta^2 + \cdots$$

と展開して，各項別に積分し，円の面積 πa^2 でわる．途中の計算は省略するが，結果は

$$\overline{T} = T(0,0) + \frac{a^2}{8}\left(\frac{\partial^2 T}{\partial x^2} + \frac{\partial^2 T}{\partial y^2}\right) \tag{10}$$

となる．

$$\frac{\partial^2 T}{\partial x^2} + \frac{\partial^2 T}{\partial y^2} = 0$$

ならば，定常状態になるといったが，(10) からみると，それは

$$\overline{T} = T(0,0)$$

という場合である．すなわち，任意の点をとって，その点を中心とする円の中の T の平均値が，原点の $T(0,0)$ に

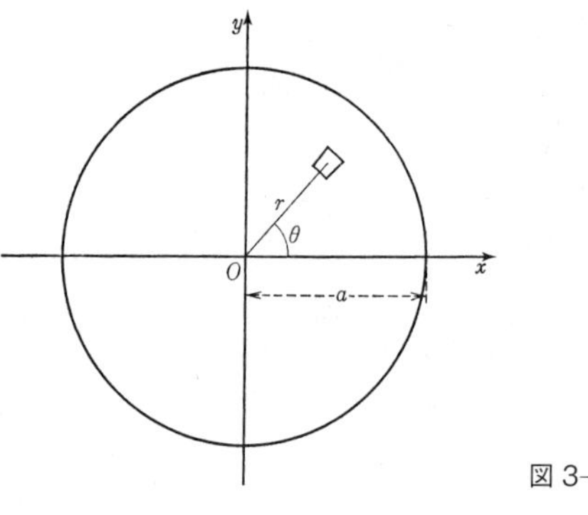

図 3-4

等しいときに定常状態になるのである．

それならば，T の分布がどんな場合に

$$\frac{\partial^2 T}{\partial x^2}+\frac{\partial^2 T}{\partial y^2}=0$$

という方程式が成立するか．この方程式は，ラプラスの方程式といわれるものであることは，いうまでもなかろう．このラプラスの方程式は

$$T=a+bx+cy \tag{11}$$

によって満足される．これはすなわち，T の分布が，図3-5のように，一つの平面であらわされるような場合である．

上の式では，xy を軸としたが，それと角 θ で交わる $\xi\eta$ 軸を考えると，x, y と ξ, η との間にはつぎの関係が成立する．

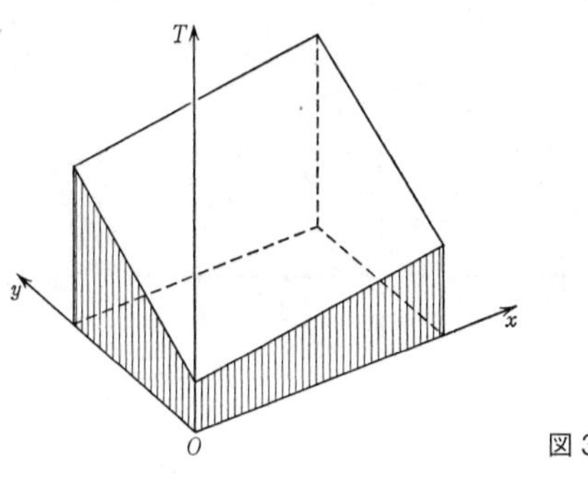

図 3-5

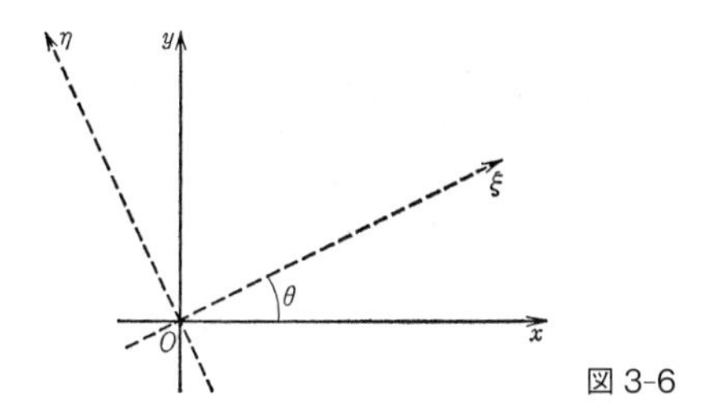

図 3-6

$$x = \xi\cos\theta - \eta\sin\theta,$$
$$y = \xi\sin\theta + \eta\cos\theta$$

これを（11）に代入すると

$$\begin{aligned}T &= a + b(\xi\cos\theta - \eta\sin\theta) + c(\xi\sin\theta + \eta\cos\theta)\\ &= a + \xi(b\cos\theta + c\sin\theta) + \eta(-b\sin\theta + c\cos\theta)\end{aligned}$$

となる．したがって，θ を

$$-b\sin\theta + c\cos\theta = 0$$

すなわち

$$\tan\theta = \frac{c}{b} \tag{12}$$

となるように選んだとすると，η にかかる係数は 0 となる．そのとき，ξ にかかる係数は

$$b\cos\theta + c\sin\theta = \frac{b^2}{\sqrt{b^2+c^2}} + \frac{c^2}{\sqrt{b^2+c^2}} = \sqrt{b^2+c^2}$$

となる．したがって

$$T = a + \sqrt{b^2+c^2}\,\xi \tag{13}$$

ということになる．つまり T は η には関係しないで，ξ について直線的に変化しているのである．

さて，ラプラスの方程式は，引力ポテンシャル V に対しても成立することは，いうまでもない．

$$\frac{\partial^2 V}{\partial x^2} + \frac{\partial^2 V}{\partial y^2} = 0$$

である．形式的には，温度の

$$\frac{\partial^2 T}{\partial x^2} + \frac{\partial^2 T}{\partial y^2} = 0$$

とまったく同じことである．そこで，上にのべた温度分布

$$T = a + \sqrt{b^2+c^2}\,\xi$$

という解は，引力ポテンシャルではどんな場合に相当するかを考えてみよう．ポテンシャル V が η には関係しないで，ξ について直線的に変化しているということは，力が η には関係しないで，ξ 方向には一定であるということである．これは，無限にひろがった一様な板による引力にほ

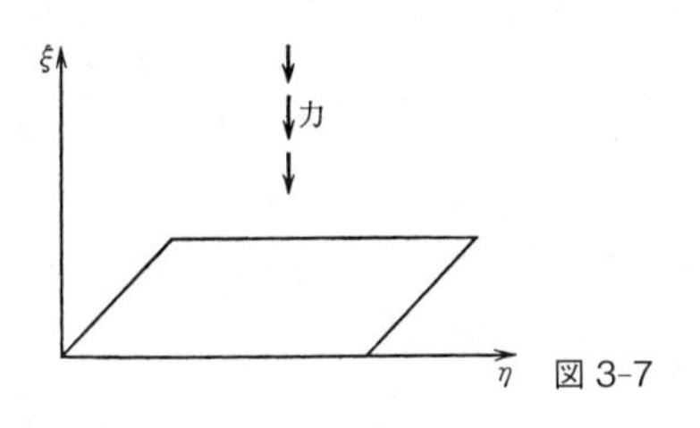

図 3-7

かならない．面密度 ρ の板の引力は $2\pi k^2\rho$ であって（k^2 は万有引力常数），点と板との距離に関係しない．だから，$\xi\eta$ 軸を図 3-7 のようにとれば，

$$V = \alpha+\beta\xi$$

である．

つまり，2次元で定常的である温度分布は，無限の板による引力ポテンシャルの分布に相当する．これは面白いことである．

ところが，方程式

$$\frac{\partial^2 T}{\partial x^2}+\frac{\partial^2 T}{\partial y^2} = 0 \qquad (9)$$

の解は

$$T = a+bx+cy$$

だけには限らない．もっと面白い解がある．それは，T が，x だけの関数 $X(x)$ と，y だけの関数 $Y(y)$ との積である場合である．すなわち

$$T(x, y) = X(x)Y(y) \qquad (14)$$

であると考える．こうして，X, Y が求められさえすれ

ば，その積が（9）の解になる．さて，（14）を（9）に代入すると

$$Y\frac{d^2X}{dx^2}+X\frac{d^2Y}{dy^2}=0$$

すなわち

$$\frac{1}{X}\frac{d^2X}{dx^2}+\frac{1}{Y}\frac{d^2Y}{dy^2}=0 \qquad (15)$$

となる．左辺の第1項はxだけの関数，第2項はyだけの関数であるが，その2つの和が常に0だというのだから，それぞれが常数であって，互いに打消しあっているはずである．そこで

$$\left.\begin{aligned}\frac{1}{X}\frac{d^2X}{dx^2}&=-n^2\\ \frac{1}{Y}\frac{d^2Y}{dy^2}&=n^2\end{aligned}\right\}$$

となっているはずである．上の式から

$$X=\begin{matrix}\cos\\ \sin\end{matrix}\,nx$$

下の式から

$$Y=e^{\pm ny}$$

である．したがって

$$T(x,y)=\begin{matrix}\cos\\ \sin\end{matrix}\,nx\,e^{\pm ny} \qquad (16)$$

が解になるわけであるが，nはどんな値でもよく，またどんな常数係数がかかってもよいから，一般には

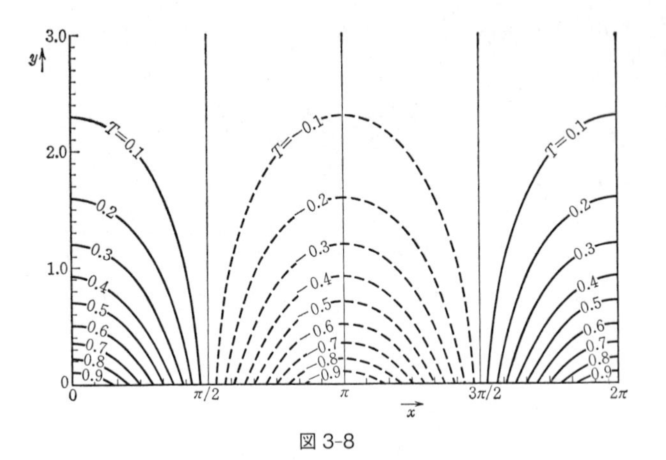

図 3-8

$$T(x, y) = \sum_n A_n \begin{matrix}\cos\\ \sin\end{matrix}\, nx\, e^{\pm ny} \qquad (17)$$

が (9) の解になる．このうちの特別な場合として

$$T(x, y) = \cos x\, e^{-y} \qquad (18)$$

をとって，T の分布を求めてみよう．

計算の結果は，図 3-8 のようになる．各々の曲線は等温線である．

(18) を微分すると，

$$\frac{\partial T}{\partial x} = -\sin x e^{-y}$$
$$\frac{\partial T}{\partial y} = -\cos x e^{-y}$$

となる．両辺を2乗して加えれば

$$\left(\frac{\partial T}{\partial x}\right)^2+\left(\frac{\partial T}{\partial y}\right)^2=e^{-2y}(\sin^2 x+\cos^2 x)=e^{-2y}$$

となるから，

$$\sqrt{\left(\frac{\partial T}{\partial x}\right)^2+\left(\frac{\partial T}{\partial y}\right)^2}=e^{-y}$$

である．また

$$\frac{\partial T/\partial x}{\partial T/\partial y}=\frac{\sin xe^{-y}}{\cos xe^{-y}}=\tan x$$

となる．すなわちTの勾配の大きさはyだけの関数であって，xによらない．また，最大勾配の方向は，xだけの関数であって，yによらない．だから，同じxでみれば，等温線の方向は同じだということになる．これは，はなはだ面白いことだと思う．

4.

ラプラスの方程式からフーリエ級数

温度Tの分布を論ずるときに，一般には

$$\frac{\partial T}{\partial t}=k^2\left(\frac{\partial^2 T}{\partial x^2}+\frac{\partial^2 T}{\partial y^2}+\frac{\partial^2 T}{\partial z^2}\right) \tag{1}$$

という微分方程式が出てくる．左辺$\partial T/\partial t$がゼロであるならば，時間がたっても温度が変わらない．すなわち定常状態である．それは右辺がゼロという場合，

$$\frac{\partial^2 T}{\partial x^2}+\frac{\partial^2 T}{\partial y^2}+\frac{\partial^2 T}{\partial z^2}=0 \qquad (2)$$

という場合である．いいかえれば，T がラプラスの方程式を満足している場合である．

ラプラスの方程式といえば，ポテンシャル U もまたこれを満足する．だから，定常的な温度分布も，ポテンシャルの分布も，形式的には同じものになるわけである．

方程式（2）は3次元であって少々めんどうだから，これからは2次元の問題を取り扱うことにしよう．すなわち

$$\frac{\partial^2 U}{\partial x^2}+\frac{\partial^2 U}{\partial z^2}=0 \qquad (3)$$

というラプラスの方程式を論ずることにしよう．また，U を温度と考えても，ポテンシャルと考えても，あるいはそれの空間微分と考えても数学的には同じことである．

それで話を具体的にわかりやすくするために，（3）の U の代りに，引力 g を使って話を進めることにしよう．U が引力のポテンシャルであって

$$\frac{\partial^2 U}{\partial x^2}+\frac{\partial^2 U}{\partial z^2}=0$$

であるとすれば，これを z で微分して

$$\frac{\partial^3 U}{\partial x^2 \partial z}+\frac{\partial^3 U}{\partial z^3}=0 \qquad (4)$$

となるわけだが，$-\dfrac{\partial U}{\partial z}=g=g(x, z)$ とおけば

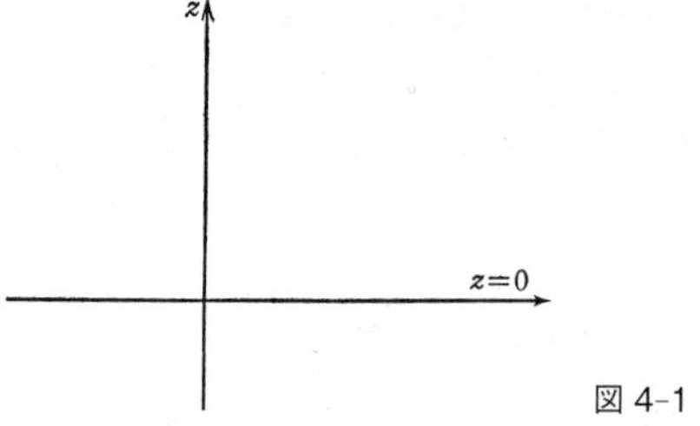

図 4-1

$$\frac{\partial^2 g}{\partial x^2}+\frac{\partial^2 g}{\partial z^2}=0 \qquad (5)$$

となるわけで，g がやはりラプラスの方程式を満足するのである．

さて，方程式（5）の解は何か．いうまでもなく，それは

$$g(x,z)=B_m \begin{matrix}\cos\\ \sin\end{matrix}\, mx\, e^{\pm mz} \qquad (6)$$

である．軸のとり方を図 4-1 のようにして，z の正の向きを上方にとることにすれば，e の肩の $\pm$ のうち，物理的にいって

$$g(x,z)=B_m \begin{matrix}\cos\\ \sin\end{matrix}\, mx\, e^{-mz} \qquad (7)$$

の方だけが意味がある．$z=0$ の面では

$$g(x,0)=B_m \begin{matrix}\cos\\ \sin\end{matrix}\, mx \qquad (8)$$

であって，これによって $z=0$ の面にそった g の分布

$g(x, 0)$ があらわされる．この m は何でもよい．そこで，$m=0, 1, 2, 3, \cdots$ ととって

$$g = B_0{}^{\mathrm{c}} + B_1{}^{\mathrm{c}} \cos x + B_2{}^{\mathrm{c}} \cos 2x + B_3{}^{\mathrm{c}} \cos 3x + \cdots + B_1{}^{\mathrm{s}} \sin x + B_2{}^{\mathrm{s}} \sin 2x + B_3{}^{\mathrm{s}} \sin 3x + \cdots \tag{9}$$

としてもよいわけで，これがフーリエ級数であることはいうまでもなかろう．

数値的な解法

フーリエ級数（9）における係数 $B_0{}^{\mathrm{c}}, B_1{}^{\mathrm{c}}, \cdots, B_1{}^{\mathrm{s}}, \cdots$ などをフーリエ係数という．フーリエ係数は，数学的には

$$\left.\begin{aligned} B_0{}^{\mathrm{c}} &= \frac{1}{2\pi}\int_0^{2\pi} g(x)dx \\ B_m{}^{\mathrm{c}} &= \frac{1}{\pi}\int_0^{2\pi} g(x)\cos mx\,dx \\ B_m{}^{\mathrm{s}} &= \frac{1}{\pi}\int_0^{2\pi} g(x)\sin mx\,dx \end{aligned}\right\} \tag{10}$$

というきれいな形で与えられる．しかし，実際問題としては，$g(x)$ は，すべての x に対して連続的に与えられているわけではない．だから（10）のような積分形式はほとんど役にたたない．実際は，せいぜい等間隔の x で g が与えられているに過ぎない．そういう場合に，フーリエ係数を求めるのには，いろいろのやり方があるが，たとえば，図 4-2 に示したものもその 1 つである．

g の値が 60° ごとに与えられていて，それが，$g_0, g_1,$

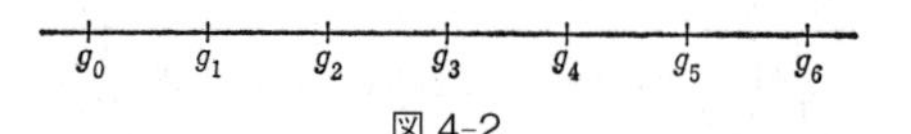

図 4-2

$g_2, \cdots, g_6$ であるとする．そうすれば

$$B_0{}^{c} = \frac{1}{6}\left(\frac{1}{2}g_0 + g_1 + g_2 + g_3 + g_4 + g_5 + \frac{1}{2}g_6\right),$$

$$\begin{aligned}B_1{}^{c} = \frac{1}{3}\Big(\frac{1}{2}g_0\cos 0^\circ &+ g_1\cos 60^\circ + g_2\cos 120^\circ \\ &+ g_3\cos 180^\circ + g_4\cos 240^\circ \\ &+ g_5\cos 300^\circ + \frac{1}{2}g_6\cos 360^\circ\Big)\end{aligned}$$

$$= \frac{1}{3}\left(\frac{1}{2}g_0 + \frac{1}{2}g_1 - \frac{1}{2}g_2 - g_3 - \frac{1}{2}g_4 + \frac{1}{2}g_5 + \frac{1}{2}g_6\right),$$

$$\begin{aligned}B_2{}^{c} = \frac{1}{3}\Big(\frac{1}{2}g_0\cos 0^\circ &+ g_1\cos 120^\circ + g_2\cos 240^\circ \\ &+ g_3\cos 360^\circ + g_4\cos 120^\circ \\ &+ g_5\cos 240^\circ + \frac{1}{2}g_6\cos 360^\circ\Big)\end{aligned}$$

$$= \frac{1}{3}\left(\frac{1}{2}g_0 - \frac{1}{2}g_1 - \frac{1}{2}g_2 + g_3 - \frac{1}{2}g_4 - \frac{1}{2}g_5 + \frac{1}{2}g_6\right),$$

$$\begin{aligned}B_3{}^{c} = \frac{1}{6}\Big(\frac{1}{2}g_0\cos 0^\circ &+ g_1\cos 180^\circ + g_2\cos 360^\circ \\ &+ g_3\cos 180^\circ + g_4\cos 360^\circ \\ &+ g_5\cos 180^\circ + \frac{1}{2}g_6\cos 360^\circ\Big)\end{aligned}$$

$$= \frac{1}{6}\left(\frac{1}{2}g_0 - g_1 + g_2 - g_3 + g_4 - g_5 + \frac{1}{2}g_6\right),$$

$$B_1{}^{s} = \frac{1}{3}\Big(\frac{1}{2}g_0 \sin 0° + g_1 \sin 60° + g_2 \sin 120° + g_3 \sin 180° + g_4 \sin 240° + g_5 \sin 300° + \frac{1}{2}g_6 \sin 360°\Big)$$

$$= \frac{1}{3}\left(\frac{\sqrt{3}}{2}g_1 + \frac{\sqrt{3}}{2}g_2 - \frac{\sqrt{3}}{2}g_4 - \frac{\sqrt{3}}{2}g_5\right),$$

$$B_2{}^{s} = \frac{1}{3}\Big(\frac{1}{2}g_0 \sin 0° + g_1 \sin 120° + g_2 \sin 240° + g_3 \sin 360° + g_4 \sin 120° + g_5 \sin 240° + \frac{1}{2}g_6 \sin 360°\Big)$$

$$= \frac{1}{3}\left(\frac{\sqrt{3}}{2}g_1 - \frac{\sqrt{3}}{2}g_2 + \frac{\sqrt{3}}{2}g_4 - \frac{\sqrt{3}}{2}g_5\right) \qquad (11)$$

である．さてそこで問題は，$z=0$ の面の上の g の分布 $g(x,0)$ から d の高さにある面の上の g の分布 $g(x,d)$ を求めるということである．これの解は，(7) としてすでにわかっている．だから

$$g(x,d) = B_0{}^{c} + B_1{}^{c}\cos x\, e^{-d} + B_2{}^{c}\cos 2x\, e^{-2d} + B_3{}^{c}\cos 3x\, e^{-3d} + B_1{}^{s}\sin x\, e^{-d} + B_2{}^{s}\sin 2x\, e^{-2d} \qquad (12)$$

と書けば，それでおしまいである．しかしこれでは，面白

くもおかしくもない．（11）によって，$B_0{}^c, B_1{}^c, \cdots, B_1{}^s,$ $\cdots$ などが，$g_0, g_1, \cdots, g_6$ の関数としてわかっているのだから，その関係を（12）に代入しよう．

そうすれば

$$
\begin{aligned}
g(x, d) \\
= \quad & \frac{1}{6}\left(\frac{1}{2}g_0+g_1+g_2+g_3+g_4+g_5+\frac{1}{2}g_6\right) \\
& +\frac{1}{3}\left(\frac{1}{2}g_0+\frac{1}{2}g_1-\frac{1}{2}g_2-g_3-\frac{1}{2}g_4+\frac{1}{2}g_5+\frac{1}{2}g_6\right) \\
& \times e^{-d}\cos x \\
& +\frac{1}{3}\left(\frac{1}{2}g_0-\frac{1}{2}g_1-\frac{1}{2}g_2+g_3-\frac{1}{2}g_4-\frac{1}{2}g_5+\frac{1}{2}g_6\right) \\
& \times e^{-2d}\cos 2x \\
& +\frac{1}{6}\left(\frac{1}{2}g_0-g_1+g_2-g_3+g_4-g_5+\frac{1}{2}g_6\right) \\
& \times e^{-3d}\cos 3x \\
& +\frac{1}{3}\left(\frac{\sqrt{3}}{2}g_1+\frac{\sqrt{3}}{2}g_2-\frac{\sqrt{3}}{2}g_4-\frac{\sqrt{3}}{2}g_5\right) \\
& \times e^{-d}\sin x \\
& +\frac{1}{3}\left(\frac{\sqrt{3}}{2}g_1-\frac{\sqrt{3}}{2}g_2+\frac{\sqrt{3}}{2}g_4-\frac{\sqrt{3}}{2}g_5\right) \\
& \times e^{-2d}\sin 2x \qquad (13)
\end{aligned}
$$

となる．これでもなかなかやっかいである．そこで少々ずるいことを考える．あらゆる x の $g(x, d)$ を求めることを断念して，$x=\pi$ のところ，つまりいま考えている領域のまんなか，すなわち g_3 のま上の点の $g=g(\pi, d)$ を求めることにする．$x=\pi$ とすれば，$\cos x=-1$, $\cos 2x=1$, $\cos 3x=-1$, $\sin x=0$, $\sin 2x=0$ であるから，(13) はつぎのようになる．

$$
\begin{aligned}
&g(\pi, d)\\
&= \frac{1}{6}\left(\frac{1}{2}g_0+ g_1+ g_2+g_3+ g_4+ g_5+\frac{1}{2}g_6\right)\\
&\quad -\frac{1}{3}\left(\frac{1}{2}g_0+\frac{1}{2}g_1-\frac{1}{2}g_2-g_3-\frac{1}{2}g_4+\frac{1}{2}g_5+\frac{1}{2}g_6\right)e^{-d}\\
&\quad +\frac{1}{3}\left(\frac{1}{2}g_0-\frac{1}{2}g_1-\frac{1}{2}g_2+g_3-\frac{1}{2}g_4-\frac{1}{2}g_5+\frac{1}{2}g_6\right)e^{-2d}\\
&\quad -\frac{1}{6}\left(\frac{1}{2}g_0- g_1+ g_2-g_3+ g_4- g_5+\frac{1}{2}g_6\right)e^{-3d}\\
&= g_0\left(\frac{1}{12}-\frac{1}{6}e^{-d}+\frac{1}{6}e^{-2d}-\frac{1}{12}e^{-3d}\right)\\
&\quad +g_1\left(\frac{1}{6}-\frac{1}{6}e^{-d}-\frac{1}{6}e^{-2d}+\frac{1}{6}e^{-3d}\right)\\
&\quad +g_2\left(\frac{1}{6}+\frac{1}{6}e^{-d}-\frac{1}{6}e^{-2d}-\frac{1}{6}e^{-3d}\right)\\
&\quad +g_3\left(\frac{1}{6}+\frac{1}{3}e^{-d}+\frac{1}{3}e^{-2d}+\frac{1}{6}e^{-3d}\right)\\
&\quad +g_4\left(\frac{1}{6}+\frac{1}{6}e^{-d}-\frac{1}{6}e^{-2d}-\frac{1}{6}e^{-3d}\right)
\end{aligned}
$$

$$+g_5\left(\frac{1}{6}-\frac{1}{6}e^{-d}-\frac{1}{6}e^{-2d}+\frac{1}{6}e^{-3d}\right)$$

$$+g_6\left(\frac{1}{12}-\frac{1}{6}e^{-d}+\frac{1}{6}e^{-2d}-\frac{1}{12}e^{-3d}\right) \qquad (14)$$

これははなはだうまい．dをきめれば，カッコの内は定数である．つまり，$g_0, g_1, \cdots, g_6$ にそれぞれ定数をかけて加えれば，$x=\pi, z=d$のところの g の値すなわち $g(\pi, d)$ が求められるということになる．

ただここでちょっと問題になるのは，dの大きさである．dがあまり大きくなると，上のようなやり方はいけない．というのは，いま考えている360° の領域にくらべて，dがあまり大きいと，その領域よりも外にある点の g がきいてくることになるからである．だから d は360° にくらべて，ずっと小さいものでなければならない．つまり，領域のひろがりと dの大きさとの間には，物理的に考えて妥当な関係をもたせなければならないのである．

うまい考え

領域を横にひろくすればするほどよいにきまっている．しかしひろくすれば，フーリエ級数をずっと高次のところまでとらなければならないことになる．領域を横に無限にひろげれば，フーリエ級数は，有限な項数で終りにならないで，無限な項数になってしまう．電子計算機の発達した今日でも，これでは少々荷が重い．ところがここにすばらしい考えがある．

さて偶関数のフーリエ表示は一般には

$$g(x)=\int_0^\infty B_m{}^{c}\cos mx\,dm$$

であるが，m について 0 から ∞ まで積分する代りに 0 から 1 にしてみる．すなわち $\cos x$ よりも短い波長の変化は忘れて，$\cos x$ よりも長い波長の成分だけに注目することにする．しかもその $\cos mx$ の係数 $B_m{}^{c}$ が，m に関係なくみな 1 に等しかったとしたらどんなことになるか．すなわち

$$\int_0^1 \cos mx\,dm$$

の値は何かということを考える．これは簡単で

$$\int_0^1 \cos mx\,dm=\left[\frac{\sin mx}{x}\right]_{m=0}^{m=1}=\frac{\sin x}{x}$$

となる．この $\dfrac{\sin x}{x}$ という関数は，はなはだ面白い性質をもっている．すなわち，$x=0$ ではその値は 1 である．また $\pi, 2\pi, \cdots$ など，π の整数倍のところでは，すべてゼロである．その形は，図 4-3 のとおりである．

すなわち，等間隔の格子点のうちの，どれか1つで g の値が与えられていて，あとの格子点では全部ゼロであるような分布をあらわすのに都合がよい．$\dfrac{\sin x}{x}$ という関数は，$\displaystyle\int_0^1 \cos mx\,dm$ という積分によってあらわされるのだから，一種のフーリエ積分になっているわけである．だから $\displaystyle\int_0^1 \cos mx\,e^{-md}dm$ はラプラスの方程式の解になって

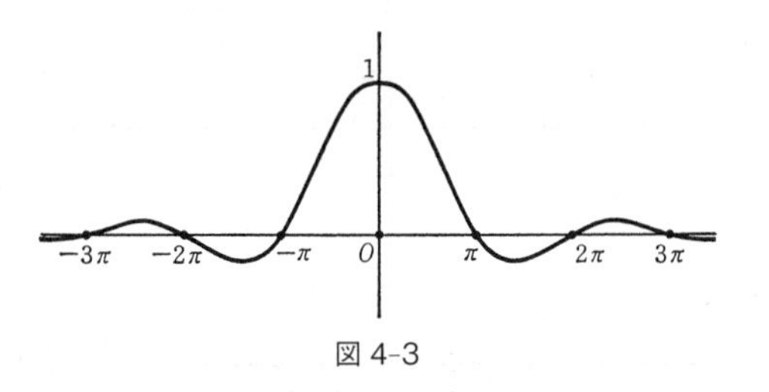

図 4-3

いるはずである．これを積分することはわけない．

$$\begin{aligned}&\int_0^1 \cos mx\, e^{-md} dm\\&= \frac{1}{x^2+d^2}\Big[[x\sin mx - d\cos mx]e^{-md}\Big]_{m=0}^{m=1}\\&= \frac{1}{x^2+d^2}[(x\sin x - d\cos x)e^{-d}+d]\end{aligned}$$

となる．これは $d=0$ 上の 1 点では $g=1$，その他の格子点では g がゼロであるときに，d の高さの g の分布 $g(x,d)$ を与える式である．d の高さにおいて $x=n\pi$ の格子点だけを考えると，

$$\phi(n) = \int_0^1 \cos mx\, e^{-md} dm\Big|_{x=n\pi} = \frac{d}{(n\pi)^2+d^2}[1\pm e^{-d}]$$

となる．$\pm$ は，n が偶数ならば $-$，奇数ならば $+$ をとる．この関数を n の関数とみて，$\phi(n)$ であらわそう．つまり $\phi(n)$ は，$d=0$ の上の 1 点だけに単位の値があって，あとは 0 であったときに，それが $z=d$ の高さにある各格子点におよぼす重みである．

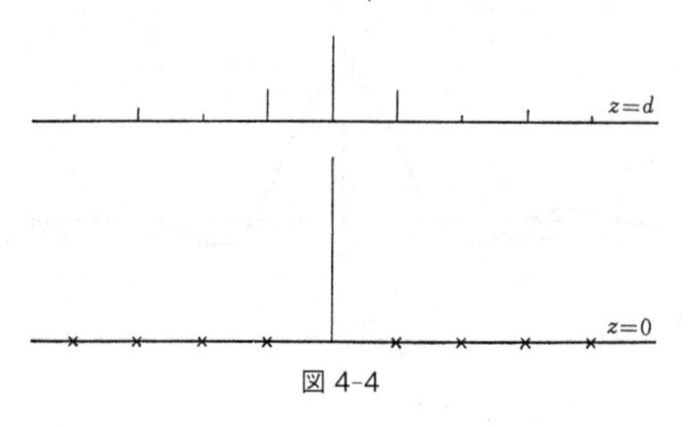

図 4-4

したがって $z=0$ の各格子点に g の値があるときには，それぞれに，$\cdots, \phi(-3), \phi(-2), \phi(-1), \phi(0), \phi(1), \phi(2), \phi(3), \cdots$ などをかけて加えれば，$x=0$ のま上で，$z=d$ の高さにおける g の値が求められることになる．

これははなはだうまい方法で，友田好文，安芸敬一の両君が工夫したものである．両君はこれを重力分布の問題として発展させたのだけれども，何も重力に限ったことではなく，一般のラプラス方程式の問題に応用することができる．フーリエ級数だと，2π の領域を区切らなければならないが，この考え方によれば，そういう不自然なことはいっさい起こらない．ラプラスの方程式を数値的に解くのに，おそらく一番うまい方法の1つだと思われる．

5.

ラプラスの方程式とポアソンの方程式

ラプラスの方程式を，直角座標 (x, y, z) で書けば

$$\frac{\partial^2 U}{\partial x^2}+\frac{\partial^2 U}{\partial y^2}+\frac{\partial^2 U}{\partial z^2}=0$$

である．ここでUというのは1つのスカラーである．つぎに，それをxで微分した$\partial U/\partial x$をx成分，yで微分した$\partial U/\partial y$をy成分，zで微分した$\partial U/\partial z$をz成分とする1つのベクトルを考える．そのベクトルを$\boldsymbol{A}$としよう．すなわち，$\boldsymbol{A}$の成分A_x, A_y, A_zはそれぞれ

$$A_x=\partial U/\partial x,\ \ A_y=\partial U/\partial y,\ \ A_z=\partial U/\partial z$$

である．すなわち$\boldsymbol{A}=\mathrm{grad}\,U$である．つぎにこのベクトル$\boldsymbol{A}$のdivをとる．あるベクトルのdivというのは，それのx成分をxで微分し，y成分をyで微分し，z成分をzで微分して全部加えたもの，すなわち

$$\frac{\partial A_x}{\partial x}+\frac{\partial A_y}{\partial y}+\frac{\partial A_z}{\partial z}=\frac{\partial^2 U}{\partial x^2}+\frac{\partial^2 U}{\partial y^2}+\frac{\partial^2 U}{\partial z^2}$$

という量であって，これは1つのスカラーである．ラプラスの方程式は，この量がゼロであること，すなわち

$$\mathrm{div}\ \mathrm{grad}\,U=0$$

という意味である．

Uが引力のポテンシャルであるとすれば，$\mathrm{grad}\,U$は引力それ自身である．したがってラプラスの式は，引力ベクトルのdivがゼロだということなのである．このことは，各点で引力のベクトルをかいて，それを順次につないで流線のようにみなして力線をひいたとき，ある体積の表面をよぎって，中へ入った力線は必ずふたたびその体積から外へ出ているということを意味している．いいかえれば，ど

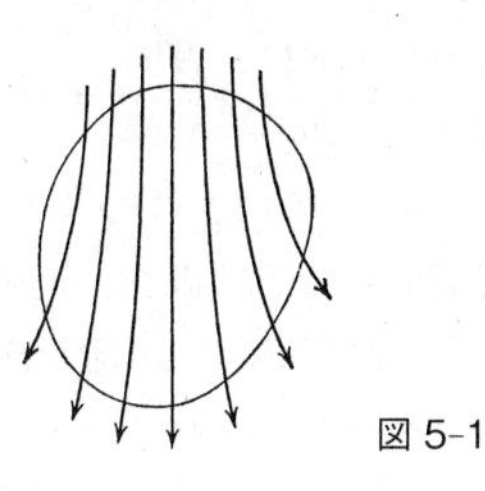

図 5-1

んな体積を考えても，その内部でこの引力の力線が終ることもない，始まることもないということなのである（図5-1）．

しかしこの体積の内部に質量があったら，そうはいかない．質量内部の各点ではラプラスの方程式は成り立たないで，その代りに，

$$\frac{\partial^2 U}{\partial x^2}+\frac{\partial^2 U}{\partial y^2}+\frac{\partial^2 U}{\partial z^2}+4\pi k^2\rho=0$$

ということになる．これがポアソンの方程式といわれるものである．k^2 は万有引力の常数，ρ は考えている点の物質密度である．すなわち

$$\mathrm{div}\ \mathrm{grad}\, U+4\pi k^2\rho=0$$

である．

ポアソンの方程式から引力の法則が出る

さて，いま地球をとりまいて，地球にすれすれになっている面を考える．そしてその面によってかこまれている体積を考える．そしてその体積の内のすべての点でポアソン

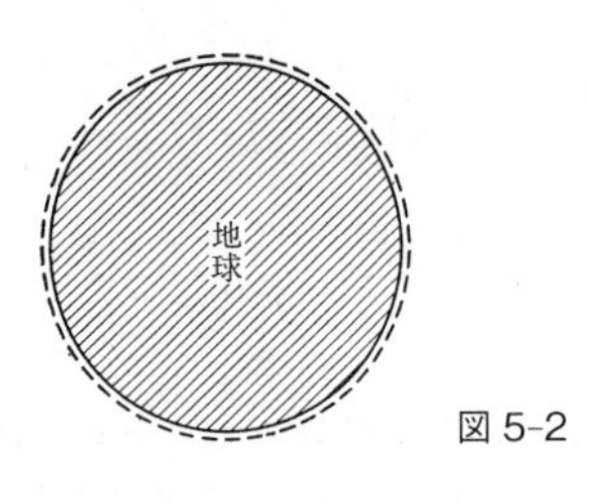

図 5-2

の方程式をつくって，それを全部加えあわせたとする．そうすれば

$$\iiint \mathrm{div}\ \mathrm{grad}\, U dv + \iiint 4\pi k^2 \rho\, dv = 0$$

となる．左辺の第 1 項は div grad U を，いま考えている体積全体にわたって積分するという意味である．それは grad U というベクトルの力線が，全体として結局どれだけ表面から入りこんで内部で終っているかという差引勘定を示すわけである．すなわち grad U を表面全体にわたって積分すればいいということである（それにマイナスをつけたもの）．図 5-2 の点線で示した表面が等ポテンシャル面であるとすれば，grad U は地球の引力の値 g（≒980）にほかならない．したがって地球の全表面にわたって g を積分してマイナスをつけたもの，すなわち $-4\pi R^2 g$（R は地球の半径）が左辺の第 1 項になる．

また地球の全質量を M とすれば，左辺の第 2 項は，

$$\iiint 4\pi k^2 \rho dv = 4\pi k^2 M$$

である．よって

$$-4\pi R^2 g + 4\pi k^2 M = 0$$

から

$$M = \frac{R^2 g}{k^2}$$

ということになる．$R = 6370 \times 10^5,\ g = 980,\ k^2 = 6.67 \times 10^{-8}$ とすれば $M \fallingdotseq 6.0 \times 10^{27}$ g となるわけである．これで地球の全質量が与えられる．

ところで，この $M = \dfrac{R^2 g}{k^2}$ という式は，$g = \dfrac{k^2 M}{R^2}$ とも書くことができる．こう書けば引力は距離の2乗に逆比例するという性質がみえるわけだが，上のようなやり方だと，そういう物理を考えないでも，自然に同じ結果が得られたことになる．これはどういうわけだろうか．数式をいじるだけで，物理が出てきた．どうしてこういうことになるのか．これは面白い問題である．このことについて議論するためには，直角座標 xyz 以外の座標系について，ラプラスの方程式を考えてみるのがよい．

円柱座標と球座標で考えてみる

まず円柱座標 (r, θ, z) を考えよう（図5-3）．ラプラスの方程式はベクトル記号で

$$\mathrm{div}\ \mathrm{grad}\, U = 0$$

という意味である．だから，このことから出発して，ラプラスの方程式を (r, θ, z) であらわすことにしよう．ま

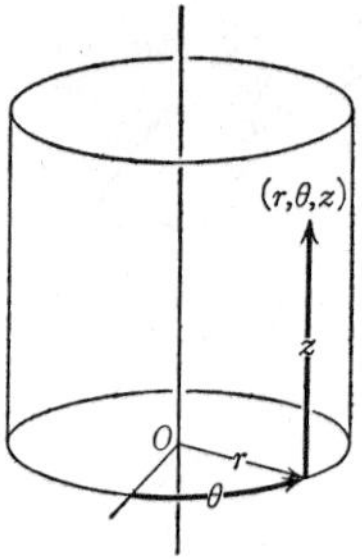

図 5-3

ず $\mathrm{grad}\, U$ の r 方向，θ 方向，z 方向の成分を求める．それは，それぞれ

$$\frac{\partial U}{\partial r},\quad \frac{1}{r}\frac{\partial U}{\partial \theta},\quad \frac{\partial U}{\partial z}$$

である．つぎにこれらを成分とするベクトルの div を求めるわけだが，r 方向については，ちょっとやっかいなことがある．それは，図 5-4 で太線であらわしている部分の弧の長さが，外にいくほど長くなっていることも考えに入れなければならないという点である．

$r=r$ のところと，$r=r+dr$ のところとでは，$\dfrac{\partial U}{\partial r}$ の値も変わっているが，それ以外に，弧の長さも変わっているのである．だから，$r=r$ のところをとおる力線の数は

$$\frac{\partial U}{\partial r} r\, d\theta dz$$

に比例し，$r=r+dr$ のところをとおる力線の数は

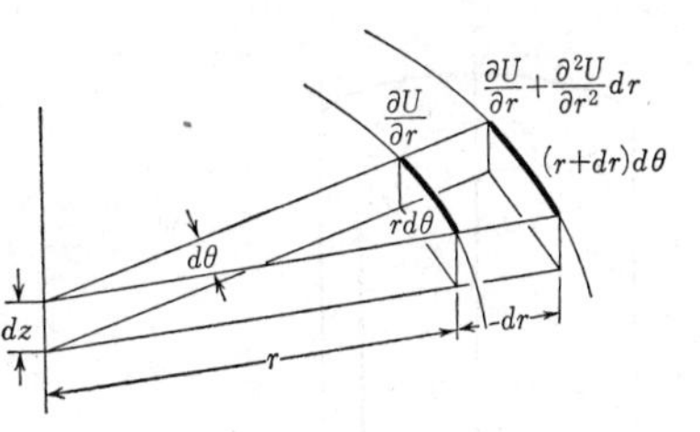

図 5-4

$$\left(\frac{\partial U}{\partial r}+\frac{\partial^2 U}{\partial r^2}dr\right)(r+dr)d\theta dz$$
$$=\frac{\partial U}{\partial r}r\,d\theta dz+\frac{\partial^2 U}{\partial r^2}r\,drd\theta dz+\frac{\partial U}{\partial r}drd\theta dz$$
$$+\frac{\partial^2 U}{\partial r^2}drdrd\theta dz$$

に比例することになる．高次の項は省略して，差し引き

$$\left(\frac{\partial^2 U}{\partial r^2}r\,drd\theta dz+\frac{\partial U}{\partial r}drd\theta dz\right)$$

だけが，$r\,drd\theta dz$ の体積内に残る．よって，単位体積に対しては，これを $r\,drd\theta dz$ でわって

$$\frac{\partial^2 U}{\partial r^2}+\frac{1}{r}\frac{\partial U}{\partial r}$$

だけ残ることになる．θ 方向，z 方向については，格別の問題はなく，それぞれ $\frac{1}{r^2}\frac{\partial^2 U}{\partial \theta^2}$, $\frac{\partial^2 U}{\partial z^2}$ だけ残ることになる．結局，円柱座標におけるラプラスの方程式は

$$\frac{\partial^2 U}{\partial r^2}+\frac{1}{r}\frac{\partial U}{\partial r}+\frac{1}{r^2}\frac{\partial^2 U}{\partial \theta^2}+\frac{\partial^2 U}{\partial z^2}=0$$

となるわけである．さてこの方程式を解いてみるわけだが，いま U が r だけの関数 $U(r)$ であって，θ も z も含まないという場合だけを考えてみよう．そういうことは，どういうときに可能であろうか．つまり $\frac{\partial^2 U}{\partial \theta^2}$ も $\frac{\partial^2 U}{\partial z^2}$ も 0 で，

$$\frac{d^2 U}{dr^2}+\frac{1}{r}\frac{dU}{dr}=0$$

という微分方程式になる場合に，これを満足する $U(r)$ は，どんなものであろうか．この方程式を書きかえると

$$\frac{d^2U/dr^2}{dU/dr}+\frac{1}{r}=0$$

となるから，これを積分して

$$\log\frac{dU}{dr}+\log r=a$$

すなわち

$$\frac{dU}{dr}=\frac{b}{r}$$

$$U=b\log r$$

ということになる．すなわち，この場合にはポテンシャル U は $\log r$ にしたがって変化する．r 方向の引力は

$$-\frac{\partial U}{\partial r}=-\frac{b}{r}$$

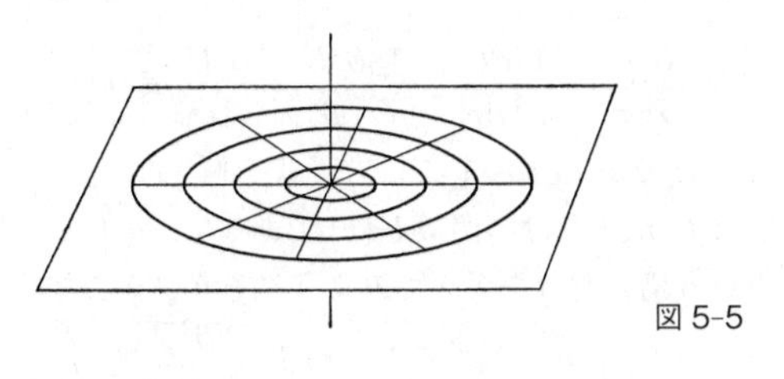
図 5-5

で，r に逆比例して $r=0$ の方へ向かうのである．引力ポテンシャルが θ にも z にも関係しないというのは，物理的にいえば，$r=0$ のところに，無限に長い針金が z 方向に立っているという場合（図 5-5）であって，このときには引力は $1/r$ に比例することになる．

定数 b の値は，

$$b = 2k^2\rho \qquad (\rho \text{ は針金の線密度})$$

である．したがってポテンシャルは

$$U = 2k^2\rho \log r$$

となるわけである．あるいは引力は

$$\frac{dU}{dr} = \frac{2k^2\rho}{r}$$

となるわけである．すなわち引力は距離に逆比例する．ポテンシャルが θ にも z にもよらないという場合には，ラプラスの方程式を満足する解はこれ以外にはありえないのである．

質点の引力が，距離の2乗に逆比例するということを知っているとして，それから出発して，無限に長い針金の引力を求めれば，つぎのようなことになる（図 5-6）．

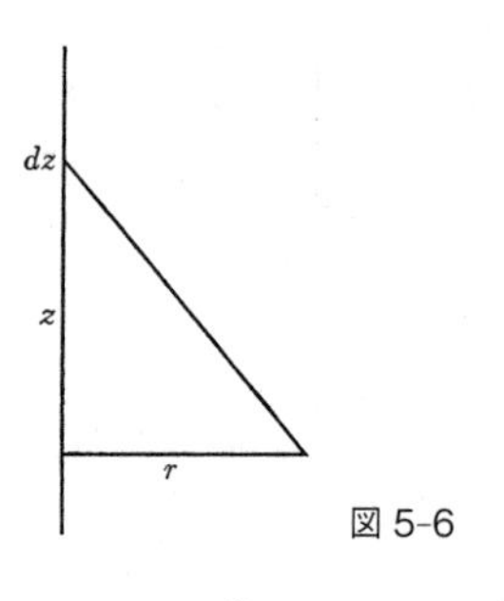

図 5-6

$$引力 = \int_{-\infty}^{\infty} \frac{k^2 \rho r\, dz}{(r^2 + z^2)^{3/2}} = \frac{2k^2 \rho}{r}$$

こうやっても引力が r に逆比例するということが出てくるのであるが，これはラプラスの方程式から出てくるものと同じである．当然といえば当然だが，ラプラスの方程式をいじるだけで引力が距離に逆比例するという物理が出てくるのは，なぜだろうか．

さて引力を矢であらわして力線を書いてみると，この無限に長い針金の場合には，図 5-7 のようになる．矢の密度が引力の大きさをあらわすと考えると，紙の平面に書いた矢の密度は，ちょうど距離に逆比例しているから，これがまさにこの場合の力の場をあらわすことになる．しかしじつは，こういうことがあるからこそ，力線という考えが成立するのである．

点源による引力を示す力線を，平面の図に書くとすれば，これも図 5-7 のように書かざるをえないが，ほんとのことをいうと，これでは少しよくない点もある．矢の

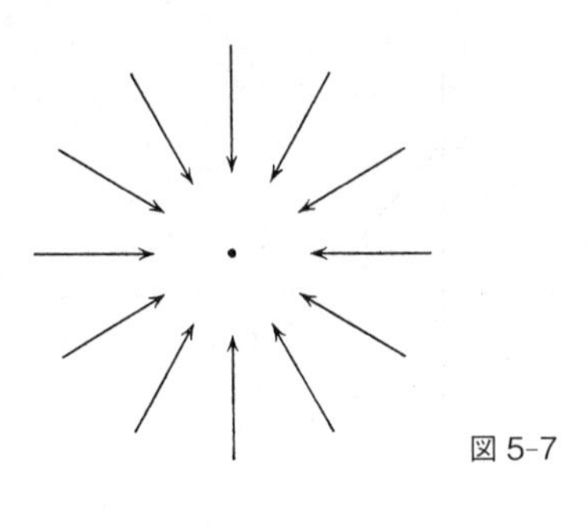

図 5-7

向きが引力の向きを表わしているという点まではいいのだが，矢の数の密度は距離に逆比例するだけで，距離の 2 乗に逆比例する力を表わすことにはならないからである．

さて，こんどは球座標 (r, θ, φ) を使って，ラプラスの方程式を書いてみよう（図 5-8）．この場合に，まず $\mathrm{grad}\, U$ の r 方向，θ 方向，φ 方向の成分を求める．それはそれぞれ

$$\frac{\partial U}{\partial r},\quad \frac{\partial U}{r\partial \theta},\quad \frac{\partial U}{r\sin\theta\,\partial\varphi}$$

である．つぎにこれらを成分とするベクトルの div を求めるわけだが，円柱座標のときと同じように，やはりちょっとやっかいなことがある．それは，いま考えている微小体積 $r^2\sin\theta\, dr d\theta d\varphi$ の相対する面の面積が等しくないからである．

まず，r 方向について考えると，入ってくる力線の数は

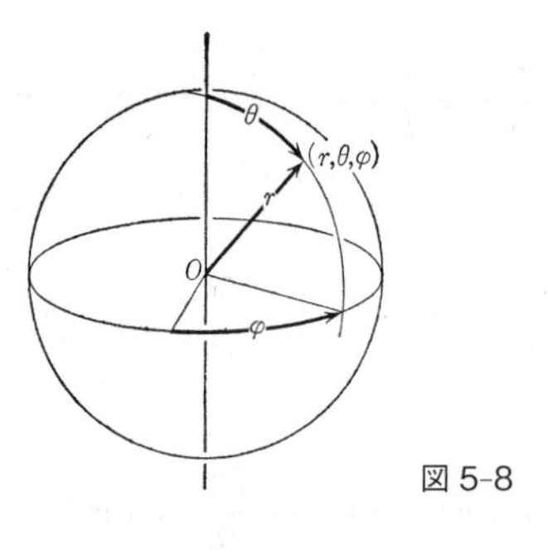

図 5-8

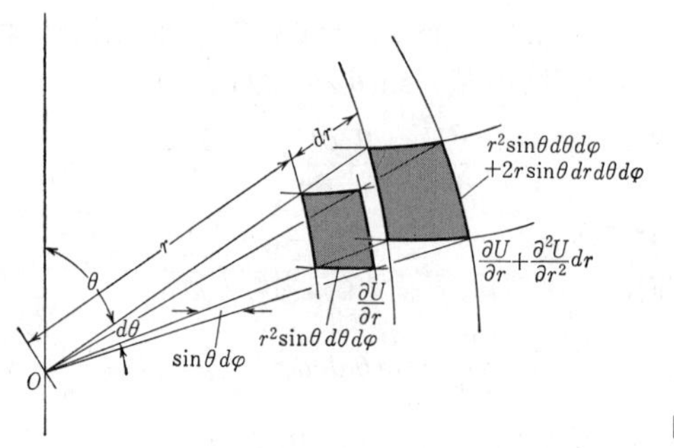

図 5-9

$$\frac{\partial U}{\partial r} r^2 \sin\theta \times d\theta d\varphi$$

に比例する（図 5-9）．出ていく力線の数は

$$\left(\frac{\partial U}{\partial r}+\frac{\partial^2 U}{\partial r^2}dr\right)(r^2\sin\theta\ d\theta d\varphi+2r\sin\theta\ drd\theta d\varphi)$$
$$=\frac{\partial^2 U}{\partial r^2}r^2\sin\theta\ drd\theta d\varphi+\frac{\partial U}{\partial r}2r\sin\theta\ drd\theta d\varphi$$
$$+\frac{\partial U}{\partial r}r^2\sin\theta\ d\theta d\varphi+\frac{\partial^2 U}{\partial r^2}2r\sin\theta\ drdrd\theta d\varphi$$

に比例する．だから差し引き

$$\frac{\partial^2 U}{\partial r^2}r^2\sin\theta\ drd\theta d\varphi+\frac{\partial U}{\partial r}2r\sin\theta\ drd\theta d\varphi$$

だけ残るわけで（高次の微小項を省いて），単位体積に対しては，これを微小体積 $r^2\sin\theta\times drd\theta d\varphi$ でわって

$$\frac{\partial^2 U}{\partial r^2}+\frac{2}{r}\frac{\partial U}{\partial r}$$

となるわけである．

θ の方向については，入ってくる力線の数は

$$\frac{\partial U}{r\partial\theta}r\sin\theta\ drd\varphi$$

に比例する（図 5-10）．出ていく力線の数は

$$\left(\frac{\partial U}{r\partial\theta}+\frac{\partial^2 U}{r^2\partial\theta^2}rd\theta\right)(r\sin\theta\ drd\varphi+r\cos\theta\ drd\theta d\varphi)$$

に比例する．だから差し引き

$$\frac{\partial^2 U}{\partial\theta^2}\sin\theta\ drd\theta d\varphi+\cos\theta\frac{\partial U}{\partial\theta}drd\theta d\varphi$$

だけ残るわけで（高次の項を省く），単位体積に対しては，これを $r^2\sin\theta\ drd\theta d\varphi$ でわって

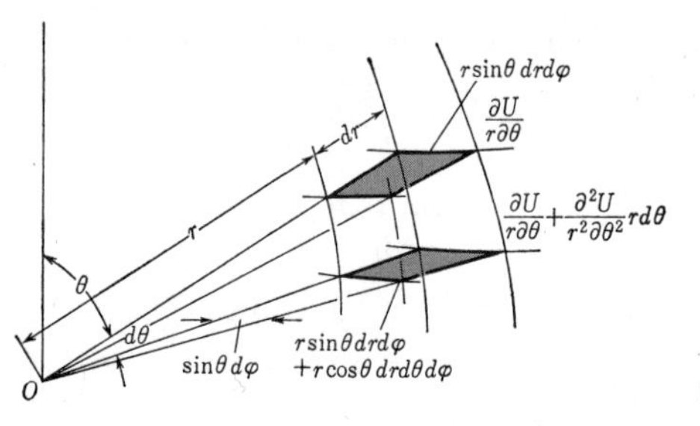

図 5-10

$$\frac{1}{r^2}\frac{\partial^2 U}{\partial\theta^2}+\frac{1}{r^2}\frac{\cos\theta}{\sin\theta}\frac{\partial U}{\partial\theta}$$

となるわけである.

最後にφの方向については，入ってくる力線数は
$\dfrac{\partial U}{r\sin\theta\,\partial\varphi}r\,drd\theta$ に比例し，出ていく力線の数は

$$\left(\frac{\partial U}{r\sin\theta\,\partial\varphi}+\frac{\partial^2 U}{r^2\sin^2\theta\,\partial\varphi^2}r\sin\theta\,d\varphi\right)r\,drd\theta$$

に比例する．だから差し引き，単位体積あたりに

$$\frac{\partial^2 U}{r^2\sin^2\theta\,\partial\varphi^2}$$

だけ残る．結局上の3つをたして

$$\frac{\partial^2 U}{\partial r^2}+\frac{2}{r}\frac{\partial U}{\partial r}+\frac{1}{r^2}\frac{\partial^2 U}{\partial\theta^2}+\frac{1}{r^2}\frac{\cos\theta}{\sin\theta}\frac{\partial U}{\partial\theta}+\frac{1}{r^2\sin^2\theta}\frac{\partial^2 U}{\partial\varphi^2}=0$$

となり，これが，球面座標におけるラプラスの方程式になる.

ラプラスの微分方程式を，直角座標から球面座標に書きかえるのには，何もこんなめんどうなことをしないでもいい．

$$x = r\sin\theta\cos\varphi$$
$$y = r\sin\theta\sin\varphi$$
$$z = r\cos\theta$$

という座標変換をやればよい．その方がずっとエレガントである．しかし，あまりにエレガントすぎて，途中の計算の意味が見失われがちである．上のようなやり方でやると，途中の段階で，幾何学的の意味を考え考え，たのしみながらやることができる．世の中には，そういうやり方のほうが好きな人もいるのである（私はその一人である）．

さて，球面座標におけるラプラスの方程式は

$$\frac{\partial^2 U}{\partial r^2}+\frac{2}{r}\frac{\partial U}{\partial r}+\frac{1}{r^2}\frac{\partial^2 U}{\partial \theta^2}+\frac{1}{r^2}\frac{\cos\theta}{\sin\theta}\frac{\partial U}{\partial \theta}+\frac{1}{r^2\sin^2\theta}\frac{\partial^2 U}{\partial \varphi^2}=0$$

であることがわかった．これの解は r,θ,φ の関数で，$U(r,\theta,\varphi)$ であるが，いま，U が θ にも φ にも関係しないで，r だけの関数 $U(r)$ であるとする．そうすれば，第3項，第4項，第5項は消えて U の方程式は

$$\frac{d^2U}{dr^2}+\frac{2}{r}\frac{dU}{dr}=0$$

となってしまう．これを解くのに，$U=r^n$ であると考えれば

$$n(n-1)r^{n-2}+2nr^{n-2}=0$$

すなわち

$$n^2+n=n(n+1)=0$$

となるから

$$n = -1$$

すなわち$U = \frac{1}{r}, g = \frac{1}{r^2}$ということになる．ここでも引力が距離の2乗に逆比例するということが出てきてしまう．いいかえれば，Uの場がθにもφにもよらないという場合には，$U = \frac{1}{r}, g = \frac{1}{r^2}$が唯一の解なのである．

数学と物理のきわどいふれあい

考えてみれば，これは不思議なことではないか．Uの場にθやφの方向性を与えないというのは，現実には，その源になる質量なり電荷なりが方向性をもたないものであるということである．しかし，それのつくる場が$1/r$であり，力が$1/r^2$であるというのは，物理ではないか！式を少しばかりいじくると，このような物理的なことが出てくるとしたら，不思議なことといわなければならない．これはいったいどうしたことなのだろうか．

ここで上のやり方をふりかえってみると，じつは力線というようなものを考えて，それが途中で発生したり消滅したりしないとして取り扱ってきた．じつはこのところに物理が入っていたのではないか．このように考えてよいかどうかということは，はじめからきまっていることではない．こういう幾何学的のイメージが成り立つとする，というところに物理が入っているのではないか．たとえば，距離の6乗に逆比例するというような力があったとすれば，そのような力の場に対しては力線というようなイメージでは成り立たない．こういうところに数学と物理のきわどいふれあいがあるように思われるのである．

6.

ラプラスの微分方程式を，円柱座標 (r, θ, z) で書くと

$$\frac{\partial^2 U}{\partial r^2} + \frac{1}{r}\frac{\partial U}{\partial r} + \frac{1}{r^2}\frac{\partial^2 U}{\partial \theta^2} + \frac{\partial^2 U}{\partial z^2} = 0$$

である．このことは，前に述べた．一様な針金が z 方向に無限にのびているとすれば，U は，θ も z も含まないで，r だけの関数 $U(r)$ である．そのときは，この方程式は

$$\frac{d^2 U}{dr^2} + \frac{1}{r}\frac{dU}{dr} = 0 \qquad (1)$$

となる．そしてその解は

$$U = -2k^2 \rho \log r \qquad (2)$$

である．ここに k^2 は万有引力の常数，ρ は針金の線密度である．

ここでポテンシャル U の符号のとり方について述べておこう．静的な問題だけを取り扱う場合には，エネルギー保存ということをしばらく忘れて，これからの取り扱いに都合のよいように $\pm$ の符号をきめても差支えない．そこでこれからは U を s のむきに微分すれば，それがただちに s の向きの力になるようにとることにしよう．つまり

U は質量のある方に向かって大きくなり，力は U の大きくなる方に向かうとする．

この場合に，針金の方に向かう引力というのは，r の減る向きへの力であるから

$$F = -\frac{dU}{dr} = \frac{2k^2\rho}{r}$$

となる．これは，引力が針金からの距離の1乗に逆比例することを示している．

上に述べたのは針金が一様で，U が θ にも z にも関係しないとした場合である．つぎには，U が r と θ とに関係する場合を考えよう．たとえば，針金の密度が θ によって

$$\rho = \rho_0 + \rho_n \cos n\theta$$

のように変化しているとしよう．この場合には，$U(r, \theta)$ は

$$U = U_0(r) + U_n(r)\cos n\theta \tag{3}$$

のような形をとるとしてよいであろう．そしてこのときラプラスの方程式は

$$\frac{\partial^2 U}{\partial r^2} + \frac{1}{r}\frac{\partial U}{\partial r} + \frac{1}{r^2}\frac{\partial^2 U}{\partial \theta^2} = 0 \tag{4}$$

である．(3) を (4) に代入すると

$$\frac{d^2U_0}{dr^2} + \frac{1}{r}\frac{dU_0}{dr} + \frac{d^2U_n}{dr^2}\cos n\theta + \frac{1}{r}\frac{dU_n}{dr}\cos n\theta - \frac{n^2}{r^2}U_n\cos n\theta = 0 \tag{5}$$

となる．したがって，U は

$$\frac{d^2U_0}{dr^2}+\frac{1}{r}\frac{dU_0}{dr}=0 \tag{6}$$

の解 U_0 と

$$\frac{d^2U_n}{dr^2}+\frac{1}{r}\frac{dU_n}{dr}-\frac{n^2}{r^2}U_n=0 \tag{7}$$

の解 U_n とを使って，

$$U=U_0+U_n\cos n\theta$$

となるわけである．すでに前に求めたとおり，(6) の解の U_0 は

$$U_0=-2k^2\rho_0\log r$$

である．

つぎに，(7) を解いて，U_n を求めなければならない．

いま，こころみに $U_n=r^{-n}$ とおいて，(7) に代入すれば

$$n(n+1)-n-n^2=0$$

となるから，これでちょうどよいことになる．この U_n には定数をかけてもいいから

$$U_n=\frac{A_n}{n}r^{-n}$$

と書くことにしよう．よってポテンシャルは，けっきょく

$$U=-2k^2\rho_0\log r+\frac{A_n}{n}r^{-n}\cos n\theta$$

である．

係数 A_n は針金のところの境界条件 ρ_n によってきまる．n が $0, 1, 2, \cdots$ と変わるにつれて，ポテンシャル U と

表 6-1

n	ポテンシャル	引　　力
0	$-\log r$	$\dfrac{1}{r}$
1	$\dfrac{\cos\theta}{r}$	$\dfrac{\cos\theta}{r^2}$
2	$\dfrac{\cos 2\theta}{2r^2}$	$\dfrac{\cos 2\theta}{r^3}$
3	$\dfrac{\cos 3\theta}{3r^3}$	$\dfrac{\cos 3\theta}{r^4}$
…	…	…

引力の形は表 6-1 に示したようになるわけである．ただし，定数項は省略した．

こうやってみると，θ に関係しない U_0 による引力は $1/r$，θ に従って変化する U_1 による引力は $1/r^2$，2θ に従って変化する U_2 による引力は $1/r^3$，3θ に従って変化する U_3 による引力は $1/r^4, \cdots$ というようになっている．つまり，θ についてこまかく変化する項ほど，距離によって減るのがはなはだしいのである．いいかえれば，針金から遠くにいけばいくほど，$1/r$ だけが優勢に生き残るということになる．

針金でなくても，板の場合にも同じようなことがある．図 6-1 のように座標軸をとって，ラプラスの方程式を書くと

$$\frac{\partial^2 U}{\partial x^2}+\frac{\partial^2 U}{\partial y^2}+\frac{\partial^2 U}{\partial z^2}=0$$

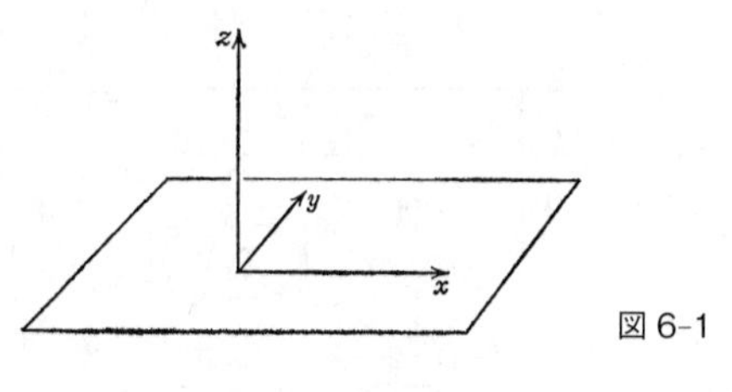

図 6-1

である．いま，この板の上の密度分布が y には関係しないで，x だけに関係しているとする．たとえば

$$\rho(x) = \rho_0 + \rho_n \cos nx$$

のように変化しているとする．このとき，ラプラスの方程式は

$$\frac{\partial^2 U}{\partial x^2} + \frac{\partial^2 U}{\partial z^2} = 0 \tag{8}$$

となる．そしてその解 U は

$$U = U_0(z) + U_n(z) \cos nx \tag{9}$$

としてよいであろう．これを (8) に代入すれば

$$\frac{d^2 U_0(z)}{dz^2} - n^2 \cos nx\, U_n(z) + \cos nx \frac{d^2 U_n(z)}{dz^2} = 0 \tag{10}$$

となる．そこでこれを2つに分けて

$$\frac{d^2 U_0(z)}{dz^2} = 0$$

と

$$-n^2 \cos nx\, U_n(z) + \cos nx \frac{d^2 U_n(z)}{dz^2} = 0$$

として，そのおのおのの解を求めればよいわけである．第1の方程式の解は

$$U_0 = A - Bz$$

第2の方程式の解は

$$U_n = \frac{C_n}{n} e^{\pm nz}$$

である．いまのわれわれの問題では，前の約束によって，複号のうちのマイナスをとる．全体の解は

$$U = A - Bz + \frac{C_n}{n} e^{-nz} \cos nx$$

となる．板による引力の下方成分は，この U を z（上方）微分してマイナスをつければよく，それは

$$-\frac{\partial U}{\partial z} = B + C_n e^{-nz} \cos nx$$

である．

この式からわかるように，引力は定数の項と，$\cos nx$ に従って変化する項との和になっている．定数項 B は，無限にひろがった一様な板による引力であって，これは z によらない．どの高さでも同じである．

$\cos nx$ に従って変化する項の方には，e^{-nz} がついている．だから，n が大きいものほど，いいかえれば変化の波長の短いものほど，高さによって急に小さくなる．

このことは，地球の表面で重力を測って，それによって地下の質量分布を調べるというときに大切である．すなわち，地表から深いところにあって，しかも波長の短いよう

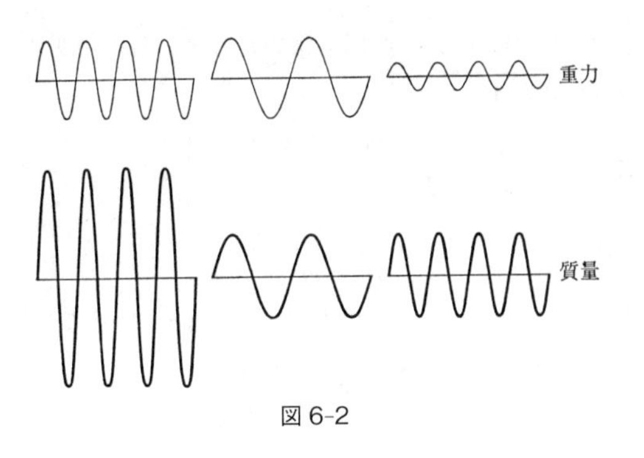

図 6-2

な質量分布によって生ずる地表重力の変化は，その振幅が小さい．いいかえれば，そのような質量分布は，重力からはみつけにくいということになる．あるいは，もしも，かなり波長の短い重力の変化が地表で観測されたならば，それはかなり浅いところに存在する質量によると考えてよいわけである．

図 6-2 における太い曲線は，それぞれの深さにおける地下密度の分布をあらわし，細い曲線は，それによって生ずる重力の地表分布をあらわしている．図 6-2 からわかるように，地下密度分布の変動の振幅が同じであっても，その波長が短ければ，重力分布の変動の振幅は小さい．逆に，重力分布の変動の振幅が同じであっても，波長が短いほどその分布を生ずべき密度分布の変動ははげしいのである．

地表重力分布の変動振幅が，地下密度分布の変動の波長に関係することは，上にのべたとおりである．重力というのは，ポテンシャルの1階微分であるから，こういうことになったわけである．それならば，2階微分はどうなるか．たとえば $\partial g/\partial x$ というような，重力の水平勾配についてはどうなるか．

$$g = B + C_n e^{-nz} \cos nx$$

から

$$\frac{\partial g}{\partial x} = -nC_n e^{-nz} \sin nx$$

となる．g それ自身の振幅と n との関係は e^{-nz} であったが，$\partial g/\partial x$ の振幅と n との関係は ne^{-nz} である．前のにくらべて n がかかっている．だから，波長の短い成分が地表で観測しにくくなるという傾向が弱まっているわけである．たとえば，重力それ自身の場合だと，地下の密度変動の振幅が同じであっても，波長が半分になると，地表の重力変動の振幅は0.37倍 (e^{-1}) に落ちるのだが，重力の勾配ならば，その割合が $2 \times 0.368 = 0.736$ にしか落ちないということになる．

こんどは逆に，短波長のものの影響をもっと落とすことを考えてみよう．それには微分の代りに積分を考えればよいわけである．ポテンシャルは

$$U = A - Bz + \frac{C_n}{n} e^{-nz} \cos nx$$

であるから，x 方向の力は

表 6-2

1/ 波長	重　力	重力の勾配	等ポテンシャル面の起伏
1	1	1	1
2	0.368	0.736	0.184
3	0.135	0.405	0.045
4	0.050	0.200	0.013
5	0.018	0.090	0.004

同じ深さ，同じ密度振幅を有する地下質量によって，地表にあらわれる影響の割合

$$\frac{\partial U}{\partial x} = -C_n e^{-nz} \sin nx$$

である．これを全体の重力 G $(=980)$ でわれば，等ポテンシャル面の傾き θ（この言葉はじつはよくない．等ポテンシャル面と x 軸との間の角というべきであろう．等ポテンシャル面は“傾い”てはいないのだから）を与えるわけである．

$$\theta = -\frac{C_n}{G} e^{-nz} \sin nx$$

よって等ポテンシャル面と x 軸との間の間隔 h は，この θ を x で積分すればよい．すなわち

$$h = \int \theta \, dx = \frac{C_n}{nG} e^{-nz} \cos nx$$

となって，こんどは n が分母にくる．波長が1の場合とその半分の0.50の場合とをくらべれば，それによって生

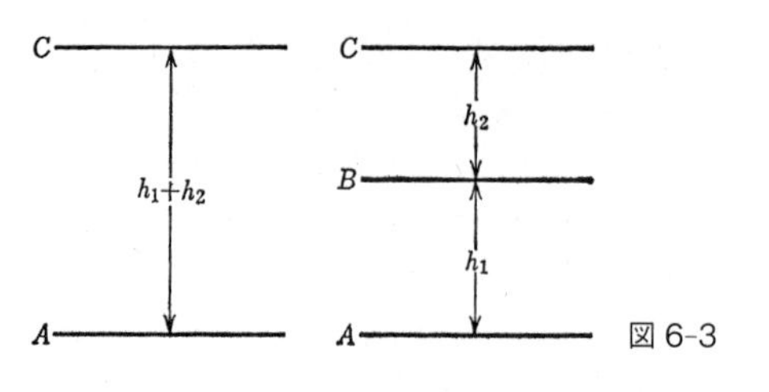

図 6-3

ずる h の比は $0.368\div 2=0.184$ となる.

このように，同じポテンシャルの場に関係している量であっても，注目する量の次元によって，波長との関係が変わってくるのである．以上のことをまとめてみると表 6-2 のようになる.

最後に，ポテンシャルの場について，面白い性質があるので，それをのべておこう．やはり，地下質量とそれによる重力について例をひくと説明しやすいから，そうすることにする.

面白い性質というのは，こうである．地下に A という地下質量があるとき，それによって C のところに生ずる重力分布は，A によって B のところに生ずる重力分布に比例した質量分布が B にあったとしたとき，それによって C のところに生ずる重力分布に比例する（図 6-3），というのである．A における質量分布を $\cos x$ とすれば，これによって C のところに生ずる重力分布 g_{AC} は

$$g_{AC}\propto e^{-(h_1+h_2)}\cos x$$

である．また A における質量分布によって B のところに

生ずる重力分布 g_{AB} は

$$g_{AB} \propto e^{-h_1}\cos x$$

である．これに比例した質量分布が B のところにあるとしたとき，それによって C のところに生ずる重力分布 g_{BC} は

$$g_{BC} \propto e^{-h_2} g_{AB} = e^{-(h_1+h_2)}\cos x$$

である．これは g_{AC} に比例している．

つまり，A から直接に C へ行っても，A から B へ行き，そこに質量があると思って C へ行っても，同じもの（比例定数は省いて）になるということである．

上にいろいろの例についてのべたように，たった1つのラプラスの方程式も，じつに深い意味をもっているのである．遠くへ行くにつれてこまかい変化の影響がどんどん小さくなるということはじつに重大である．もしもそうでなかったら，多少でこぼこした形をしている惑星の運動はおそろしく複雑なものになって，ケプラーの法則もニュートンの力学も，簡単にはわからなかっただろう．

7.

ただし書きなしの単振動の例

これからしばらく振動の方程式について述べよう．まず単振動である．いうまでもなく，単振動の微分方程式は，

$$\frac{d^2x}{dt^2} = -n^2x$$

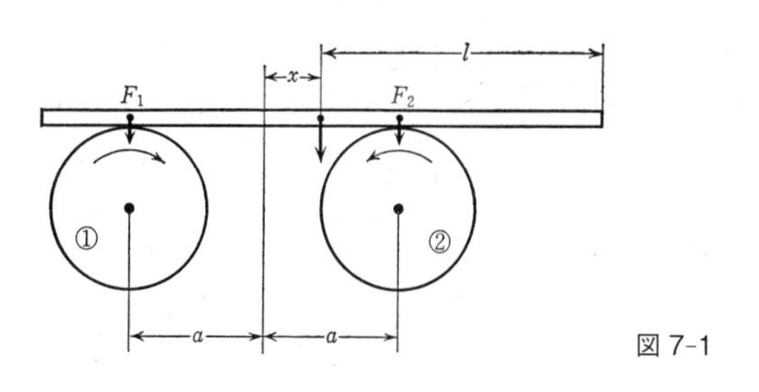

図 7-1

である．単振動といえば，必ず引き合いに出るのが振子である．そして慣性とか，復元力とかが出てくる．しかしこれはもうあまりに古くさいから，振子でなくても単振動が起こる例を 2 つお目にかけよう．

図 7-1 のように，車が 2 つあって，共に内側に向いて同じ速さでまわっている．車の中心の間の間隔を $2a$ とする．その車の上に，質量 m，長さ $2l$ の棒がのっている．棒と車との間の圧力を F_1, F_2 とすれば

$$\left.\begin{aligned} F_1+F_2 &= mg \\ 2aF_1 &= mg(a-x) \\ 2aF_2 &= mg(a+x) \end{aligned}\right\} \qquad (1)$$

である．よって

$$\left.\begin{aligned} F_1 &= \frac{mg}{2a}(a-x) \\ F_2 &= \frac{mg}{2a}(a+x) \end{aligned}\right\} \qquad (2)$$

である．車と棒との間には摩擦があるから，①の車は棒を右へ，②の車は棒を左へおしている．したがって，棒の運

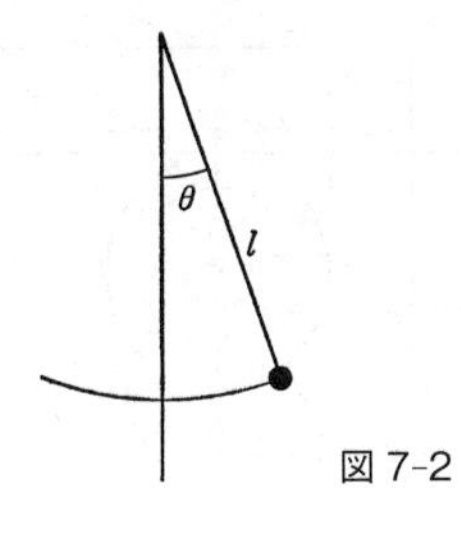

図 7-2

動方程式は

$$m\frac{d^2x}{dt^2} = \mu F_1 - \mu F_2 = -\mu\frac{mg}{a}x$$

となる．すなわち

$$\frac{d^2x}{dt^2} = -\frac{\mu g}{a}x \tag{3}$$

である．これは，まさしく単振動の方程式にほかならない．その周期は

$$T = 2\pi\sqrt{\frac{a}{\mu g}}$$

であることはいうまでもない．

単振子（図 7-2）の運動の方程式は，じつは

$$\frac{d^2\theta}{dt^2} = -\frac{g}{l}\sin\theta$$

なのであって，$\sin\theta \fallingdotseq \theta$ とおいて，これを

$$\frac{d^2\theta}{dt^2} = -\frac{g}{l}\theta$$

としているにすぎない．だから単振子の振動は，正確には単振動ではない．“振幅が非常に小さい間は”という，ただし書きつきである．

これに対して，上に述べた車と棒の問題は，正真正銘の単振動であって，そのようなただし書きはつかない．どんなに振幅が大きくても，どんなに周期が長くても，正確な単振動になるはずである．

もう1つ，正確な単振動がおこる場合をお目にかけよう．ここに2つの量 x と y とがあって，それが互いにつぎのように関係しあっているとする．

$$\left.\begin{aligned} \frac{dx}{dt} &= ax+by \qquad (4) \\ \frac{dy}{dt} &= cx+dy \qquad (5) \end{aligned}\right\}$$

すなわち，x の時間的変化が現在の x と y とによって定まり，y の時間的変化も現在の x と y とによって定まるとするのである．そういうような x と y との組み合わせは実際問題にたくさんあるであろう．

たとえば，火事の勢いと消火の水の量というような組み合わせも，その1つであろう．火事が大きくなるか，小さくなるかということは，現在の火事の勢いと現在消火に使われている水の量とで定まるだろう．その消火に使う水の量をふやすか，へらすかということは，やはり現在の火事の勢いと現在消火に使われている水の量とで定まるだろう．そういうときに，x や y は時間的にどのように変化するであろうか．

さて，(4) を t について微分すれば

$$\frac{d^2x}{dt^2} = a\frac{dx}{dt} + b\frac{dy}{dt} \tag{6}$$

である．また (4) から

$$y = \frac{1}{b}\left(\frac{dx}{dt} - ax\right) \tag{7}$$

であるから，(5) は

$$\frac{dy}{dt} = cx + \frac{d}{b}\left(\frac{dx}{dt} - ax\right) \tag{8}$$

となる．よって，これらを (6) に代入すれば

$$\frac{d^2x}{dt^2} = a\frac{dx}{dt} + bcx + d\left(\frac{dx}{dt} - ax\right)$$

すなわち

$$\frac{d^2x}{dt^2} - (a+d)\frac{dx}{dt} + (ad-bc)x = 0 \tag{9}$$

である．これは，x に関する振動の方程式であって，a, b, c, d の値のいかんによって，いろいろの形の振動になる．いま $a=-d$，$ad>bc$ であるとすれば，(9) は

$$\frac{d^2x}{dt^2} + n^2x = 0 \qquad (n^2 = ad-bc)$$

となって，これは正真正銘の単振動になる．たとえば

$$\left.\begin{aligned}\frac{dx}{dt}&=x+2y\\\frac{dy}{dt}&=-x-y\end{aligned}\right\}\qquad(10)$$

であるとすれば，$n^2=ad-bc=1$ となるから，x の方程式は

$$\frac{d^2x}{dt^2}+x=0$$

となる．

ところで面白いことには，y について同じことをやってみると，これも

$$\frac{d^2y}{dt^2}+n^2y=0\qquad(n^2=ad-bc)$$

となるのである．したがって，x も y も同じ周期をもった単振動になる．ただ位相と振幅とはちがうはずである．そこで

$$x=\sin nt\qquad(11)$$

$$y=A\sin n(t+\alpha)\qquad(12)$$

とおいてみよう．ただし $n^2=ad-bc$ である．そこでこれを（4），（5）に代入すると

$$n\cos nt=a\sin nt+bA\sin n(t+\alpha)\qquad(13)$$

$$An\cos n(t+\alpha)=c\sin nt+dA\sin n(t+\alpha)\qquad(14)$$

となる．これは t のいかんにかかわらず成立しなければならない．そこで $t=0$ とおくと，それぞれ

$$n = bA\sin n\alpha \tag{15}$$

$$An\cos n\alpha = dA\sin n\alpha \tag{16}$$

となる．

よって

$$\tan n\alpha = \frac{n}{d} \tag{17}$$

$$A = \frac{n}{b\sin n\alpha}$$

$$= \pm\frac{\sqrt{n^2+d^2}}{b} \tag{18}$$

である．

上の例では

$$a = 1,\ \ b = 2,\ \ c = -1,\ \ d = -1$$

であったから，

$$n = \sqrt{ad-bc} = 1$$

である．したがって

$$\tan\alpha = -1,\ \ \alpha = -45^\circ,\ \ A = -\frac{1}{\sqrt{2}}$$

である．よって x と y とは

$$x = \sin t \tag{19}$$

$$y = -\frac{1}{\sqrt{2}}\sin(t-45^\circ) \tag{20}$$

によって与えられる．このような x と y とは（10）の関係を満足しているのである．x と y とを図 7-3 でくらべてある．

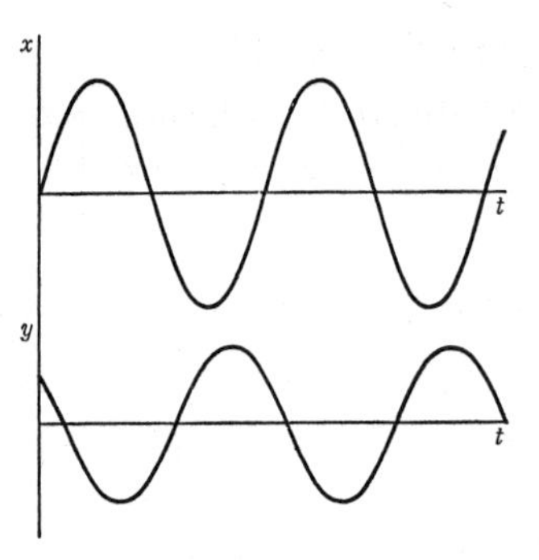

図 7-3

とくに $a=0$, $d=0$ であるとすれば

$$\frac{dx}{dt} = by$$
$$\frac{dy}{dt} = cx$$

である. $b=1$, $c=-1$ であるとすれば

$$\frac{dx}{dt} = y$$
$$\frac{dy}{dt} = -x$$

であって, この場合には, $n=1$, $A=-1$ であって

$$x = \sin t$$
$$y = -\sin(t-\pi/2) = \cos t$$

となるわけである.

単振動になぜ三角関数がでてくるのか

いったい単振子の振動にはいつも sin，cos がついてくるが，振動の問題に幾何学的の三角関数が結びつくのは，そもそもなぜであろうか．

$\dfrac{d^2x}{dt^2}+n^2x=0$ という微分方程式は，見方によれば cos や sin という関数の定義でもある．cos や sin というのを，単に数学上の符号だとみるならば，それまでの話である．たとえば

$$\frac{d^2y}{dr^2}+\frac{1}{r}\frac{dy}{dr}+\left(1-\frac{n^2}{r^2}\right)y=0$$

によってベッセル関数 $J_n(r)$ を定義し，

$$(1-x^2)\frac{d^2y}{dx^2}-2x\frac{dy}{dx}+n(n+1)y=0$$

によって，ルジャンドル帯球関数 $P_n(x)$ を定義したのと同じことである．

しかしそれならば，そうして定義された cos や sin が，平面直角三角形の一辺と斜辺の比として求められる，a/c や b/c と同じものになるのはなぜか．

円の上を，ある１つの点が一様な速さで動いていると，それの射影はちょうど単振動を行なうことになるということは，どの教科書にも書いてある．しかしどうもこれは天下りであるような気がしてならない．そこでつむじを曲げて，逆の問題を考えてみることにした．逆の問題というのはこうである．

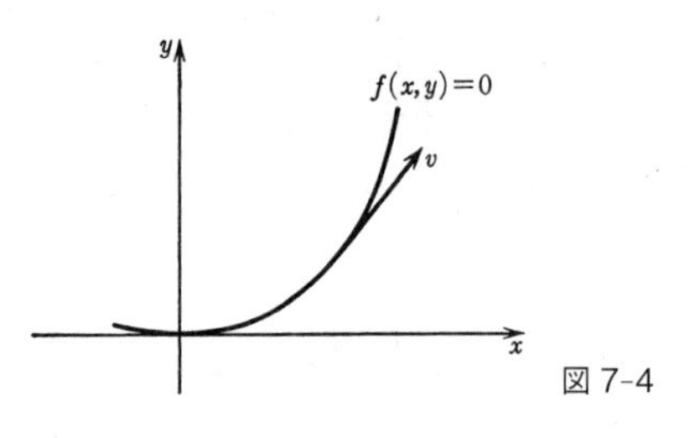

図 7-4

いま1つの点が1つの曲線 $f(x, y)=0$ に沿って一様な速さで運動しているとする．そのとき，その点の射影が $\dfrac{d^2x}{dt^2}=-n^2x$ のような運動をするならば，$f(x, y)=0$ という曲線はどんな曲線か，という問題である．答は円になるにきまっている．しかし計算の途中に cos や sin が出てこないだけ気持ちがよい．

いま考えている1点が曲線の上を動く速さを v とする（図 7-4）．それの x 成分を v_x とする．問題は $\dfrac{dv_x}{dt}=-n^2x$ になるような曲線 $f(x, y)=0$ の形は何かということである．

v の方向は，$f(x, y)=0$ にひいた切線の方向である．したがって

$$v_x=\frac{v}{\sqrt{1+\left(\dfrac{dy}{dx}\right)^2}} \tag{21}$$

である．一方，与えられている条件は

$$\frac{d^2x}{dt^2} = -n^2x$$

ということである．この方程式の両辺に $\dfrac{dx}{dt}$ をかけて t について積分すれば

$$\frac{1}{2}\left(\frac{dx}{dt}\right)^2 = A - \frac{n^2}{2}x^2$$

すなわち

$$\frac{dx}{dt} = v_x = \sqrt{\alpha^2 - n^2x^2} \qquad (\alpha^2 = 2A) \qquad (22)$$

である．(21) と (22) とを結びつけて

$$\frac{v}{\sqrt{1+\left(\dfrac{dy}{dx}\right)^2}} = \sqrt{\alpha^2 - n^2x^2}$$

すなわち

$$\frac{dy}{dx} = \sqrt{\frac{v^2 - \alpha^2 + n^2x^2}{\alpha^2 - n^2x^2}} \qquad (23)$$

が，われわれの解くべき微分方程式であって，これによって $f(x, y) = 0$ の形がきまる．問題は積分定数 α のとり方である．$f(x, y) = 0$ のどこかに $\dfrac{dy}{dx} = 0$ のところがあるだろう．というよりもどこかに $\dfrac{dy}{dx} = 0$ があるような $f(x, y) = 0$ を求めるということにして，その x を $x = 0$ のところにとることにしよう．そのとき $\dfrac{dy}{dx} = 0$ になるためには，

$$v = \alpha$$

でなければならない．したがって，方程式（23）は

$$\frac{dy}{dx} = \frac{nx}{\sqrt{v^2 - n^2x^2}} \tag{24}$$

となる．これを積分すれば

$$y = -\frac{1}{n}\sqrt{v^2 - n^2x^2} + C \tag{25}$$

すなわち

$$n^2x^2 + (ny - a)^2 = v^2 \tag{26}$$

という式が得られた．この式はあるいは

$$x^2 + (y - b)^2 = \left(\frac{v}{n}\right)^2 \tag{27}$$

と書くこともできる．要するに円である．これで単振動に円が引き合いに出ることの納得がいった．

前にもいったとおり，このやり方は天下りでもなく，また，cos や sin という記号を使っていないので，少なくとも私にとっては，なかなか面白い．

8.

振子はウソをつくことがある

単振子が，一定の力 F を突然受けたときには，どんな運動をするか．これは非常に簡単な問題だけれども，まずこれから始めよう．運動方程式は

$$m\frac{d^2x}{dt^2} + kx = F$$

である．これを

$$\frac{d^2x}{dt^2}+n^2x=\frac{F}{m}\qquad\left(\frac{k}{m}=n^2\right)$$

と書こう．そして

$$\xi=x-\frac{F}{mn^2}=x-\frac{F}{k}$$

とおけば，上の方程式は

$$\frac{d^2\xi}{dt^2}+n^2\xi=0$$

となる．この方程式の解は，いうまでもなく

$$\xi=\begin{matrix}A\cos\\B\sin\end{matrix}\,nt$$

であって，ξ が単振動をするのである．x に直せば，

$$x=\begin{matrix}A\cos\\B\sin\end{matrix}\,nt+\frac{F}{k}$$

であるから，x は，ゼロ点が F/k だけずれた単振動をするのである．F/k は，力 F を振子の復元力係数 k でわったもの，すなわち静的のふれのつりあいの位置である．x はこの位置のまわりに単振動をするのである．

係数 A や B は，初期条件によってきまる．

力 F がはたらきはじめたときを $t=0$ とし，そのとき $x=0$，であったとする．また $t=0$ では $\dfrac{dx}{dt}=0$ である．したがって初期条件から

$$0=A+F/k,\ \ 0=Bn$$

である．よって

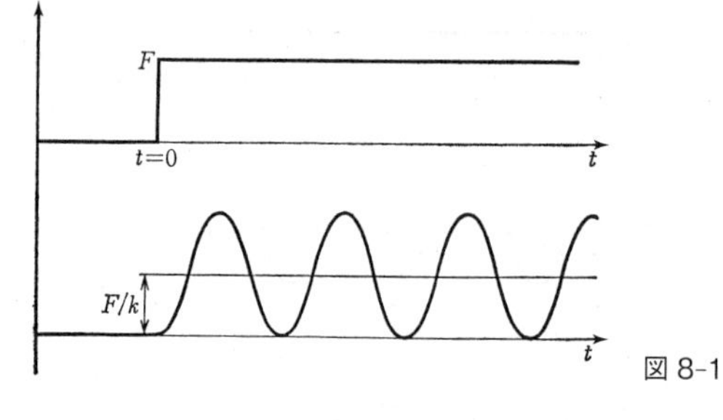

図 8-1

$$A=-F/k,\ \ B=0$$

である．すなわち

$$x=(F/k)(1-\cos nt)$$

である．これを曲線に書くと，図 8-1 のようになる．前にのべたようにゼロ線が F/k だけずれた単振動になって，その振幅は F/k である．

こんどは，振子の頭が水平に，突然動きはじめて，$f(t)$ という運動をするとしよう．地震計のような場合である．このとき運動方程式は

$$m\frac{d^2x}{dt^2}+kx=-m\frac{d^2f}{dt^2}$$

すなわち

$$\frac{d^2x}{dt^2}+n^2x=-\frac{d^2f}{dt^2}$$

である．ここで x は動く座標系（地震計の場合ならば，地面）からみた振子の動き，$f(t)$ は絶対座標からみた地面の動きである．動き出す直前に振子が静止していたとし

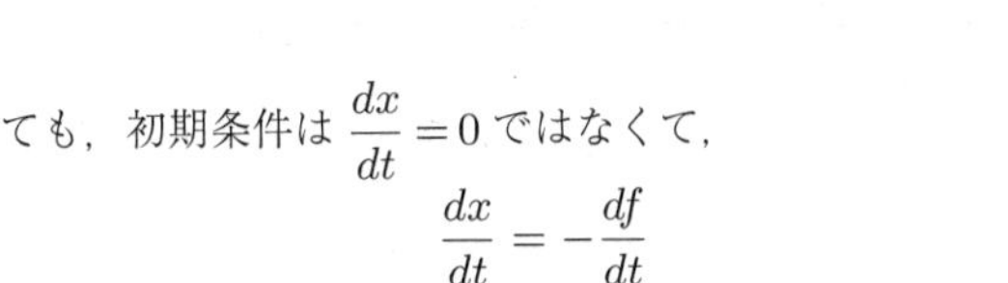

図 8-2

ても，初期条件は $\dfrac{dx}{dt}=0$ ではなくて，

$$\frac{dx}{dt}=-\frac{df}{dt}$$

である．これは，慣性のために，振子の錘は絶対空間に静止するからである．このことは大切である．地面の動きが，図 8-2A のように δ 関数的であったとすれば，振子の動き（動く地面からみた x）は，図 8-2 B のような曲線になる．これは向きの反対の撃力を相次いで振子に与えたことに対応する．地面が a だけずれたとしても，振子の運動のゼロ線は動かない．そして振子の x は，a のところまで急に動いて，そこから初速 0 で振幅 a の単振動をする．

$$x=a\cos t$$

である．

地面の動き $f(t)$ が δ 関数的でなくて，図 8-3 A のようであるときには，面白いことがおこる．この場合には初期条件は $t=0$ では

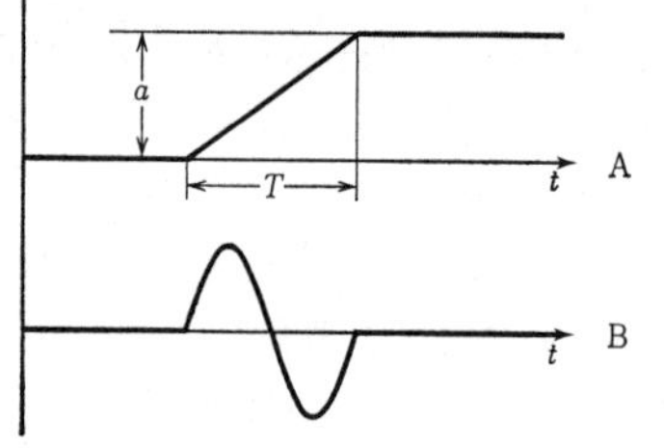

図 8-3

$$x = 0, \quad \frac{dx}{dt} = -\frac{a}{T}$$

である．また $0 \leqq t \leqq T$ では

$$\frac{d^2 f}{dt^2} = 0$$

であるから，その間では振子は単振動を行ない，x は

$$x = -\frac{a}{nT}\sin nt$$

によって与えられる．たまたま

$$nT = 2\pi$$

であったとすれば

$$x = -\frac{a}{2\pi}\sin\frac{2\pi}{T}t$$

であって，$t=T$ のときは

$$x = 0, \quad \frac{dx}{dt} = -\frac{a}{T}$$

となる．したがって，$t=T$ のときに地面の動きがピッタ

リ止まったとすれば，振子にはちょうど逆の速度 a/T が与えられたことになるから，振子もまたピッタリ止まってしまう．したがって，振子の x は図 8-3 B のようになって，振子はちょうど一振動して終りである．

こういうように，振子はなかなかうそをつくものなのである．B の曲線をみただけで，地動が A のようであったということがわかる人は，えらい人である．

振子で距離がはかれる

そこでつぎには振子に減衰を入れてみよう．減衰を入れると，自由振動の振幅が小さくなるので，うそが少しは目立たなくなる．いちいち計算の式を書くことは省略して，振子が書く曲線だけを示せば図 8-4，図 8-5 のようになるはずである．

図 8-4 は δ 関数的の力が突然かかった場合，図 8-5 は δ 関数的な変位が突然与えられた場合である．振子に変位 $f(t)$ が与えられるのは $-mf''(t)$ という力が与えられたのと同じことだ，とよくいわれている．運動方程式からみればまさにそうなのであるけれども，δ 関数的の場合には初期条件がちがうことに注意しなければならない．初期条件は

$$\text{力の場合} \qquad \frac{dx}{dt} = 0$$

$$\text{変位の場合} \qquad \frac{dx}{dt} = -\frac{df}{dt}$$

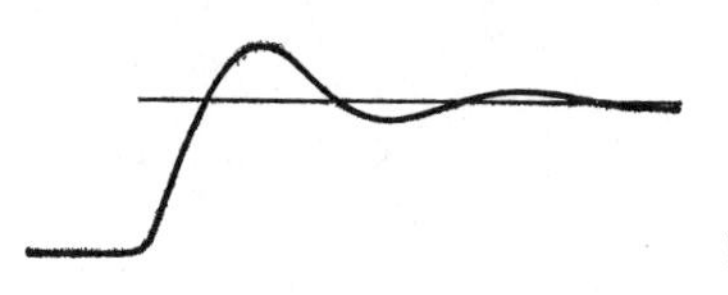

図 8-4

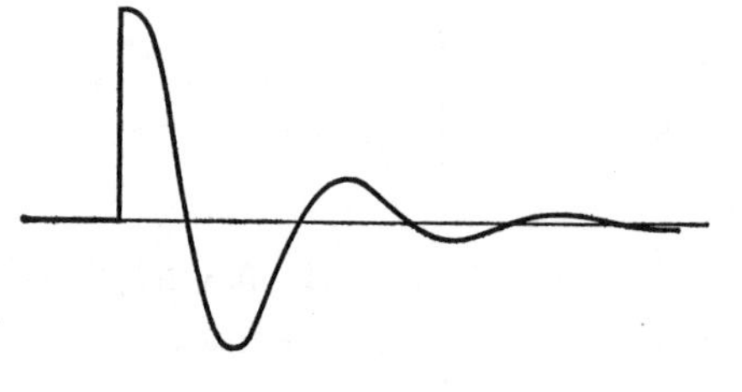

図 8-5

である．

減衰のある振子の頭が変位 $f(t)$ を受けるとき，その運動方程式はつぎのとおりである．

$$m\frac{d^2x}{dt^2}+r\frac{dx}{dt}+kx=-mf''(t)$$

すなわち

$$\frac{d^2x}{dt^2}+2\varepsilon\frac{dx}{dt}+n^2x=-f''(t)$$

$$\left(\frac{r}{m}=2\varepsilon,\ \ \frac{k}{m}=n^2\right)$$

である．さてこの式を各項ごとに積分すれば

$$\frac{dx}{dt}+2\varepsilon x+n^2\int_0^t x\,dt=A-f'(t) \qquad (1)$$

となる．初期条件は

$$t=0 \quad \text{で} \quad \begin{cases} x=0 \\ \dfrac{dx}{dt}=-f'(t) \end{cases}$$

であるから，$A=0$ である．また終末条件として

$$t=\infty \quad \text{で} \quad \begin{cases} x=0 \\ \dfrac{dx}{dt}=0 \\ f'=0 \end{cases}$$

であるとする．すなわち $t=\infty$ では，振子も地面も静止しているとする．この条件を（1）に入れれば

$$\int_0^\infty x\,dt=0 \tag{2}$$

となる．これははなはだ面白い性質である．すなわち，どんな $f(t)$ が与えられたとしても，x 曲線がゼロ線の上に書く面積と下に書く面積とは等しいというのである．すなわち，どんな $f(t)$ が与えられても，x 曲線は少なくとも1回は，ゼロ線をよぎらなければならないのである．

次に（1）の各項をもう一度 t について積分する．そうすれば，つぎのとおりになる．

$$x+2\varepsilon\int_0^t x\,dt+n^2\int_0^t\int_0^t x\,dtdt=B-f(t) \tag{3}$$

$t=0$ では

$$x=0,\ \ f(t)=0$$

であるとすれば，

$$B=0$$

である．つぎに $t=\infty$ とおく．終末条件で $x=0$, $f(\infty)=0$ であるとすれば，(2) を考慮に入れて (3) は

$$\int_0^\infty \int_0^t x\,dtdt = 0 \tag{4}$$

ということになる．このことと，前の

$$\int_0^\infty x\,dt = 0 \tag{2}$$

とをあわせて考えると，x 曲線は，ゼロ線を少なくとも 2 度よぎらなければならないことがわかる．

ここでは $t=\infty$ で $f(\infty)=0$ ということにしたが，つぎにはその条件をはずしてみよう．そうすれば (3) から

$$n^2 \int_0^\infty \int_0^t x\,dtdt = -f(\infty) \tag{5}$$

となる．つまり f の時間的経過がどんなものであっても，x を 2 度積分すれば，振子が水平に変位した距離 $f(\infty)$ が求められるということになる．

つまり振子を列車にのせて，東京から大阪までの間の振動曲線を書かせれば，東京と大阪との間の線路の長さが求められることになる．

図 8-3 の場合にこれをあてはめてみよう．

$$x = -\frac{a}{2\pi}\sin\frac{2\pi}{T}t$$

$$\int_0^t x\,dt = \left[\frac{aT}{4\pi^2}\cos\frac{2\pi}{T}t\right]_0^t = \frac{aT}{4\pi^2}\left(\cos\frac{2\pi}{T}t-1\right)$$

$$\int_0^T \int_0^t x\,dtdt = \frac{aT}{4\pi^2}\left[\frac{T}{2\pi}\sin\frac{2\pi}{T}t - t\right]_0^T = -\frac{aT^2}{4\pi^2}$$

であるから

$$f(\infty) = -n^2\int_0^T \int_0^t x\,dtdt = \frac{4\pi^2}{T^2}\times\frac{aT^2}{4\pi^2}$$
$$= a$$

となるのである．

振幅が無限大になるのには時間も無限にかかる

つぎは振子の強制振動の問題に移ろう．振幅 F の正弦型の力が振子にはたらく場合の運動方程式は

$$\frac{d^2x}{dt^2} + 2\varepsilon\frac{dx}{dt} + n^2x = \frac{F}{m}\sin pt$$

である．そしてその定常解が

$$x = \frac{F}{m}\frac{1}{\sqrt{(n^2-p^2)^2+4\varepsilon^2p^2}}\sin p(t-\tau)$$

$$\tan p\tau = \frac{2\varepsilon p}{n^2-p^2}$$

で与えられることは，いまさらいうまでもない．$\dfrac{F}{mn^2}$ は，静的のふれである．それにくらべて，実際のふれは

$$V = \frac{n^2}{\sqrt{(n^2-p^2)^2+4\varepsilon^2p^2}}倍$$

である．いま

$$\frac{n}{p} = u, \quad \frac{\varepsilon}{n} = h$$

とおけば

$$V = \frac{1}{\sqrt{\left(1-\frac{1}{u^2}\right)^2 + 4h^2\frac{1}{u^2}}} = \frac{u^2}{\sqrt{(u^2-1)^2+4h^2u^2}}$$

である．すなわち

$$\begin{aligned} x &= \frac{F}{mn^2}\frac{u^2}{\sqrt{(u^2-1)^2+4h^2u^2}}\sin p(t-\tau) \\ &= \frac{F}{mn^2}\left\{\frac{u^2}{\sqrt{(u^2-1)^2+4h^2u^2}}\cos p\tau \sin pt \right. \\ &\qquad \left. - \frac{u^2}{\sqrt{(u^2-1)^2+4h^2u^2}}\sin p\tau \cos pt\right\} \end{aligned}$$

である．ところが

$$\begin{aligned} \sin p\tau &= \frac{2\varepsilon p}{\sqrt{(n^2-p^2)^2+4\varepsilon^2p^2}} = \frac{2h/u}{\sqrt{\left(1-\frac{1}{u^2}\right)^2+4h^2\frac{1}{u^2}}} \\ &= \frac{2hu}{\sqrt{(u^2-1)^2+4h^2u^2}} \\ \cos p\tau &= \frac{n^2-p^2}{\sqrt{(n^2-p^2)^2+4\varepsilon^2p^2}} = \frac{1-1/u^2}{\sqrt{\left(1-\frac{1}{u^2}\right)^2+4h^2\frac{1}{u^2}}} \\ &= \frac{u^2-1}{\sqrt{(u^2-1)^2+4h^2u^2}} \end{aligned}$$

であるから，x は

$$x=\frac{F}{mn^2}\left\{\frac{u^2(u^2-1)}{(u^2-1)^2+4h^2u^2}\sin pt -\frac{2hu^3}{(u^2-1)^2+4h^2u^2}\cos pt\right\}$$

となる．すなわち，力 $\sin pt$ と同位相の分の振幅は

$$P=\frac{u^2(u^2-1)}{(u^2-1)^2+4h^2u^2} \tag{6}$$

力 $\sin pt$ と位相が $\pi/2$ だけちがうものの振幅は

$$Q=-\frac{2hu^3}{(u^2-1)^2+4h^2u^2} \tag{7}$$

である．(6) と (7) とから

$$\frac{-2hu}{Q}=\frac{u^2-1}{P}$$

これを (6) に代入して h を消去すると

$$\left\{P-\frac{u^2}{2(u^2-1)}\right\}^2+Q^2=\frac{u^4}{4(u^2-1)^2} =\left\{\frac{u^2}{2(u^2-1)}\right\}^2 \tag{8}$$

という円の方程式となる．すなわち図 8-6 のように，P と Q とを直角座標にとれば，一定の u に属する P, Q は，$\left(\frac{u^2}{2(u^2-1)}, 0\right)$ に中心を有し，$\frac{u^2}{2(u^2-1)}$ を半径とする円（すなわち原点を通る円）になるのである．

そして $\tan\alpha$ をとれば

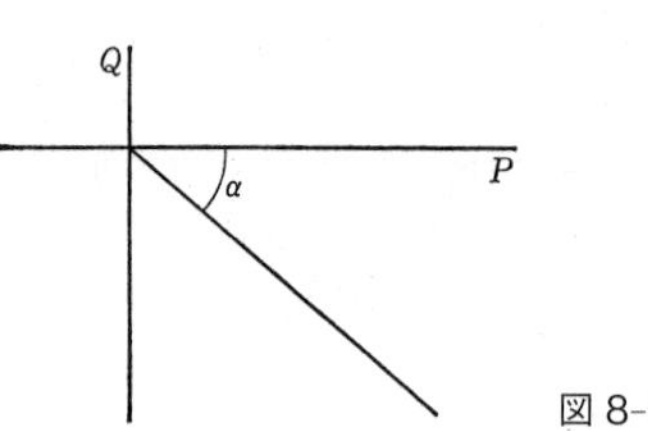

図 8-6

$$\tan\alpha = -\frac{Q}{P} = \frac{2hu^3}{u^2(u^2-1)} = \frac{2hu}{u^2-1}$$

となって，この α がまさに $p\tau$ になるのである．だから，図 8-6 のように，P と Q とをプロットすれば，それと原点との間の距離が強制振幅，原点と結ぶ直線が P 軸となす角が位相角を与える．共鳴曲線というと，振幅と位相との 2 つの曲線をかくのがふつうであるが，上のようにすると，図が 1 つになって，その意味もたいへんわかりやすくなる．それが図 8-7 である．

強制振動は $x = \frac{F}{mn^2}\frac{u^2}{u^2-1}\sin pt$ であって，$h=0, u=1$ のときには，これは無限大になってしまう．いわゆる共鳴である．すなわち位相のおくれはなく，振幅は無限大となるといわれるのがふつうである．しかし実はそう簡単にいってしまってはいけない．振幅が無限大になるのには，時間が無限にかかる．

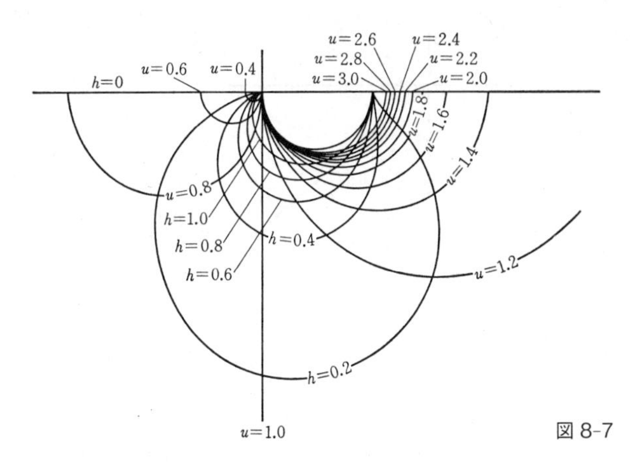

図 8-7

振子の初期条件は

$$t = 0 \quad で \quad x = 0,\ \ \frac{dx}{dt} = 0$$

であるから,

$$x = \frac{F}{mn^2}\frac{u^2}{u^2-1}\sin pt$$

だけでは, 初期条件は満足されない. そこで自己振動 $a\sin nt$ もおこるとしなければならない. そうすれば

$$x = a\sin nt + \frac{F}{mn^2}\frac{u^2}{u^2-1}\sin pt$$

であるが,

$$t = 0 \quad で \quad \frac{dx}{dt} = 0$$

の条件から

$$an+\frac{F}{mn^2}\frac{u^2p}{u^2-1}=0$$

でなければならない．すなわち

$$a=-\frac{F}{mn^2}\frac{u^2p/n}{u^2-1}$$

$$=-\frac{F}{mn^2}\frac{u}{u^2-1}$$

である．したがって

$$x=\frac{F}{mn^2}\left(\frac{u}{u^2-1}\sin nt+\frac{u^2}{u^2-1}\sin pt\right) \qquad (9)$$

となる．ここでいきなり $n=p$，$u=1$ としたのでは，問題が不定になってしまう．そこで

$$p=n+\delta$$

$$u=\frac{n}{p}=1-\frac{\delta}{p}$$

とおき，かつ δ が非常に小さいとすれば（9）の式は

$$x=\frac{F}{2mn^2}(\sin pt-pt\cos pt)$$

となる．よって，x の振幅 $|x|$ は $\frac{F}{2mn^2}\sqrt{1+p^2t^2}$ となり（図 8-8），時間と共に大きくなるのであって，振幅が無限大になるのには，無限大の時間がかかる．減衰のないときの共鳴の振幅は無限大だ，などと，簡単にいってはいけない．

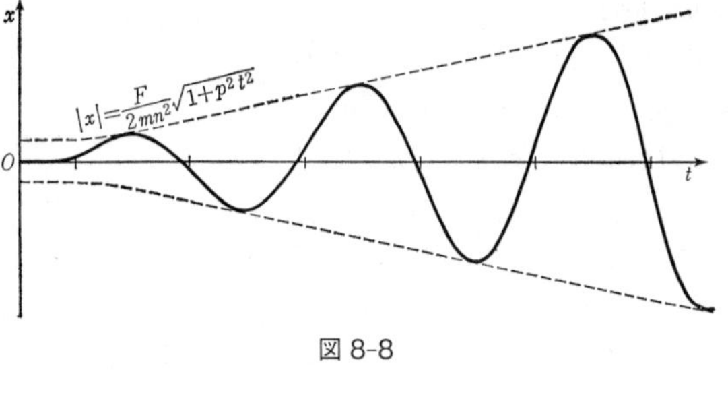

図 8-8

9.

揺られながら重力測定ができる

重力を測定する方法の一つに，振子を自由に振動させてその周期を求めるというのがある．振子の運動方程式は

$$\ddot{x}+n^2x=0 \qquad (n^2=g/l) \tag{1}$$

であることはいうまでもない．ところで，(1) の方程式の右辺が 0 ならば無事であるが，0 でないと困ったことになる．たとえば，振子の頭が静止していないで，僅かながらでも動揺しているとすると，(1) の方程式の代りに

$$\ddot{x}+n^2x=f(t) \tag{2}$$

となってしまって，きまった周期というものが求められない．したがって，重力も求められないことになる．これは，軟弱な土台の上で重力を測ろうとする場合に，実際にであう困難である．これを逃れるのには，どうすればよい

か．

ここにはなはだうまい方法がある．それは，もう1つまったく同形の振子をつくってならべておくのである．まったく同形であるから，第2の振子の運動方程式も

$$\ddot{y}+n^2y = f(t) \tag{2'}$$

となる．そこで両方の振子のふれの差$(x-y)$を求めるために，方程式（2）と（2′）との差をとると

$$\ddot{\overline{x-y}}+n^2(x-y) = 0 \tag{3}$$

となって，右辺にあったじゃまもの$f(t)$は消えてしまうのである．すなわち，2つの同形の振子をつくって，その2つの振子のふれの差$(x-y)$に着目すれば，$(x-y)$はじゃまもの$f(t)$があっても，完全な単振動を行なう．そしてその周期は，各々の振子が，じゃまものがなかったら有するであろう周期に等しいのである．これこそ我々が求めようとしたものなのである．

いわれてしまえば当り前のことで，いわゆるコロンブスの卵である．しかしこの考えに従って，海上で重力測定ができるようになったのだから，実際問題としてはたいへんなことである．オランダのベニング・マイネス（Vening Meinesz）教授はこのことを利用して，潜航中の潜水艦のなかで重力をはかることに成功した．潜水艦が潜航すると，たいへん静かではあるが，$f(t)$はゼロではない．そこで，ベニング・マイネスは，図9-1のように3本の同形の振子A, B, Cを使って，$(A-B)$，$(B-C)$を求め

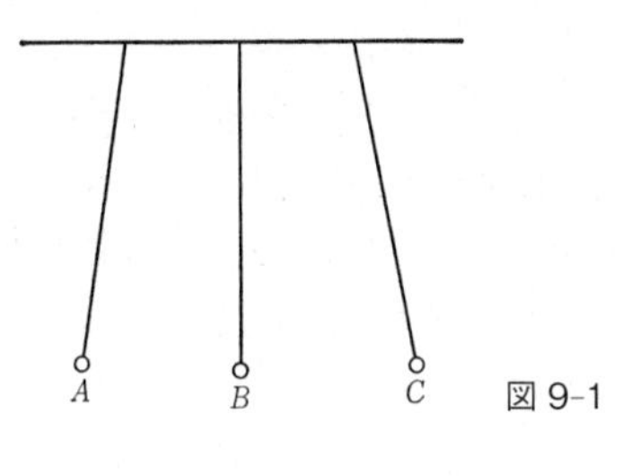

図 9-1

た．つまり $f(t)$ がない場合の２本の振子の代用としたのである．ベニング・マイネスは，世界中を何回も航海して，重力を測定した．そして大きな海溝に沿って，著しい重力異常帯のあることを発見して世界中をアッといわせた．

現在では，新しい方法が開発されて，潜水艦でなく，海上を航行するふつうの船舶の上で重力測定ができるようになったから，ベニング・マイネスの方法は海上では使われなくなってしまった．しかし，かえって陸上の基準測定に，なくてはならないものになっている．もとをただせば，微分方程式の差をとるということに過ぎないのだが，その御利益は大したものである．

振子にバラダマをぶつけると

同じ微分方程式を足したり引いたりすると，複雑な問題が案外簡単にとけることがある．つぎにその一例をお目にかけよう．

１つの振子にまったくでたらめに外力がはたらくとす

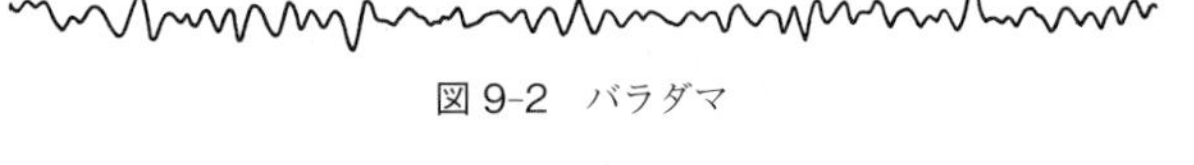

図 9-2　バラダマ

図 9-3　地震動

る．たとえば

$$\ddot{x}+2\varepsilon\dot{x}+n^2x=f(t) \tag{4}$$

の $f(t)$ がまったくでたらめであるとする．振子の両側からバラダマをでたらめにぶつけるというような場合である．その一例を図 9-2 に示す．面白いことに，この振動は地震のときの地震計の針の動き（のある部分）と非常によく似ているのである．地震動の一例を図 9-3 に示す．そこで，土地というものは固有周期をもっている振子のようなものであって，地震動の少なくともある部分では，それに外界からまったくでたらめな擾乱が与えられているのではあるまいか，という考えがうまれてくる．そこで問題は，$f(t)$ がまったくでたらめであるとしたときに，x 曲線からこの振動系の定数 ε と n とを求める方法はなかろうかということである．

この問題もやはり微分方程式を重ね合わせるという考えによって解決することができる．$f(t)$ を $F_1, F_2, \cdots$ という衝撃がつぎつぎにくるものと考えると

$$\ddot{x}+2\varepsilon\dot{x}+n^2x=F_1$$
$$\ddot{x}+2\varepsilon\dot{x}+n^2x=F_2$$
$$\cdots\cdots\cdots$$

である．つまり $F_1, F_2, \cdots$ がきたそれぞれのときに新しく減衰振動がはじまったと考える．そのような x の総和が求められれば

$$\sum\ddot{x}+2\varepsilon\sum\dot{x}+n^2\sum x=F_1+F_2+\cdots \tag{5}$$

であろう．ところが，$f(t)$ はまったくでたらめだというのだから，(5) の右辺はゼロになる．したがって x を適当に加えあわせたものは，擾乱がない場合の減衰振動を示すはずである．これをたやすく計算することができるようにしたのが，いまから30年も前の伏見康治・高橋浩一郎両先生の仕事である．その方法はこうである．

x の値は連続的に知られているから，そのなかには

$$x=x_0,\quad \dot{x}=v_0$$

というところがたくさんある．そこでそこの頭をそろえて書きならべる．そのような x は

$$\begin{aligned}x&=x_0e^{-\varepsilon t}\cos\sqrt{n^2-\varepsilon^2}t+\frac{\varepsilon x_0+v_0}{\sqrt{n^2-\varepsilon^2}}e^{-\varepsilon t}\sin\sqrt{n^2-\varepsilon^2}t\\&\quad-\frac{e^{-\varepsilon t}\cos\sqrt{n^2-\varepsilon^2}t}{\sqrt{n^2-\varepsilon^2}}\int_0^t f(t)e^{\varepsilon t}\sin\sqrt{n^2-\varepsilon^2}t\,dt\\&\quad+\frac{e^{-\varepsilon t}\sin\sqrt{n^2-\varepsilon^2}t}{\sqrt{n^2-\varepsilon^2}}\int_0^t f(t)e^{\varepsilon t}\cos\sqrt{n^2-\varepsilon^2}t\,dt\end{aligned} \tag{6}$$

である．このような x を書きならべて，いろいろの x に

ついて平均をとると，$f(t)$ がまったくでたらめだから，(6) 式の第3項と第4項とはゼロになってしまう．よって

$$\overline{x}_{x_0 v_0} = x_0 e^{-\varepsilon t} \cos \sqrt{n^2-\varepsilon^2}t + \frac{\varepsilon x_0 + v_0}{\sqrt{n^2-\varepsilon^2}} e^{-\varepsilon t} \sin \sqrt{n^2-\varepsilon^2}t \tag{7}$$

となってしまう．$\bar{x}_{x_0 v_0}$ というのは，$x = x_0$，$\dot{x} = v_0$ という条件ではじまる x をたくさん加えて平均するという意味である．

上では，x_0, v_0 をめあてにして拾い出したのであるが，v_0 にはかまわずに，同じ x_0 を有するものだけを拾い出すことにしてみよう．それらの v_0 をたくさん加えれば平均においてはゼロになるはずだから，式（7）は

$$\overline{x}_{x_0} = x_0 e^{-\varepsilon t} \cos \sqrt{n^2-\varepsilon^2}t + \frac{\varepsilon x_0}{\sqrt{n^2-\varepsilon^2}} e^{-\varepsilon t} \sin \sqrt{n^2-\varepsilon^2}t \tag{8}$$

となり，ずっと簡単になってしまう．

さらに x_0 を一定の値にしないで，正のものと負のものとにわけて加えて平均すると，それぞれ

$$\left.\begin{aligned} \overline{x}_{+} &= \overline{x}_{0+} e^{-\varepsilon t} \cos \sqrt{n^2-\varepsilon^2}t + \frac{\varepsilon \overline{x}_{0+}}{\sqrt{n^2-\varepsilon^2}} e^{-\varepsilon t} \sin \sqrt{n^2-\varepsilon^2}t \\ \overline{x}_{-} &= \overline{x}_{0-} e^{-\varepsilon t} \cos \sqrt{n^2-\varepsilon^2}t + \frac{\varepsilon \overline{x}_{0-}}{\sqrt{n^2-\varepsilon^2}} e^{-\varepsilon t} \sin \sqrt{n^2-\varepsilon^2}t \end{aligned}\right\} \tag{9}$$

となる．しかし振動が不規則であるから

図 9-4

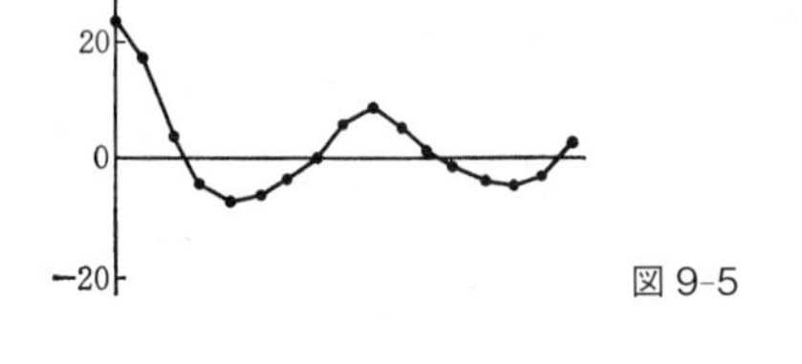

図 9-5

$$|\overline{x}_{0+}| = |\overline{x}_{0-}| = |\overline{x}_0|$$

である．よって

$$\frac{\overline{x}_+ - \overline{x}_-}{2} = |\overline{x}_0| e^{-\varepsilon t} \cos \sqrt{n^2-\varepsilon^2}\,t + \frac{\varepsilon |\overline{x}_0|}{\sqrt{n^2-\varepsilon^2}} e^{-\varepsilon t} \sin \sqrt{n^2-\varepsilon^2}\,t \qquad (10)$$

となる．つまり，つぎつぎの x をはじめにならべて，x が正ならばそのままで，負ならばその符号をかえ，それを全部平均すればよいのである．そうすれば式（10）によってあらわされる減衰振動になるはずで，これから ε や n を求めることは，わけはない．図 9-4 ははじめのでたらめの振動，図 9-5 は上の方法によって求めた減衰振動である．

“うなり”の生じるとき，生じないとき

ここで，当然頭に浮かぶのは，“うなり”の現象である．

$$\ddot{x}+{n_1}^2x=0 \tag{11}$$

$$\ddot{y}+{n_2}^2y=0 \tag{12}$$

の解を加えて $(x+y)$ を求めると，$\frac{n_1+n_2}{2}$ という振動数をもった振動になって，その振幅が $\frac{n_1-n_2}{2}$ という振動数をもって変化するとふつうの教科書には書いてある．しかし，これは一般には正しくない．方程式（11）と（12）の解はそれぞれ

$$x=A\cos n_1t$$

$$y=B\cos n_2t$$

であるが，この2つを加えれば

$$\begin{aligned} x+y &= A\cos n_1t+B\cos n_2t \\ &= A\cos n_1t+A\cos n_2t+(B-A)\cos n_2t \\ &= 2A\cos\frac{n_1+n_2}{2}t\cos\frac{n_1-n_2}{2}t+(B-A)\cos n_2t \end{aligned} \tag{13}$$

となる．式（13）の第1項はいわゆるうなりであるが，一般には第2項がつくことを忘れてはならない．この変な第2項がゼロになって，教科書的のうなりが生ずるためには

$$A=B$$

であることが必要なのである．

それでは

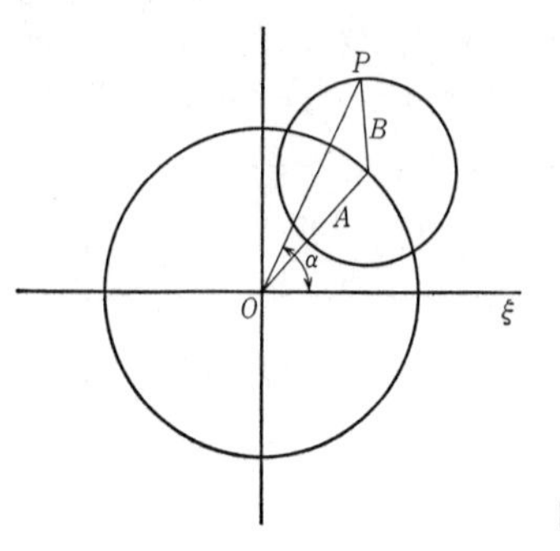

図 9-6

$$A \neq B$$

の場合にはどんなことが起こるか.

$$x = A\cos n_1 t$$
$$y = B\cos n_2 t$$

の運動を図 9-6 のような 2 つの円であらわせば

$$OP^2 = A^2 + B^2 + 2AB\cos(n_1 - n_2)t$$

である. また OP が ξ 軸となす角を α とすれば

$$\tan\alpha = \frac{A\sin n_1 t + B\sin n_2 t}{A\cos n_1 t + B\cos n_2 t}$$

$$= \frac{\left(\frac{A+B}{2} + \frac{A-B}{2}\right)\sin n_1 t + \left(\frac{A+B}{2} - \frac{A-B}{2}\right)\sin n_2 t}{\left(\frac{A+B}{2} + \frac{A-B}{2}\right)\cos n_1 t + \left(\frac{A+B}{2} - \frac{A-B}{2}\right)\cos n_2 t}$$

$$= \frac{\frac{A+B}{2}(\sin n_1 t + \sin n_2 t) + \frac{A-B}{2}(\sin n_1 t - \sin n_2 t)}{\frac{A+B}{2}(\cos n_1 t + \cos n_2 t) + \frac{A-B}{2}(\cos n_1 t - \cos n_2 t)}$$

$$= \frac{\tan\frac{n_1+n_2}{2}t + \frac{A-B}{A+B}\tan\frac{n_1-n_2}{2}t}{1 - \frac{A-B}{A+B}\tan\frac{n_1+n_2}{2}t\tan\frac{n_1-n_2}{2}t}$$

$$= \tan\left\{\frac{n_1+n_2}{2}t + \tan^{-1}\left(\frac{A-B}{A+B}\tan\frac{n_1-n_2}{2}t\right)\right\}$$

となる．よって

$$\alpha = \frac{n_1+n_2}{2}t + \tan^{-1}\left(\frac{A-B}{A+B}\tan\frac{n_1-n_2}{2}t\right)$$

である．したがって

$$x+y = \Phi(t)\cos\left\{\frac{n_1+n_2}{2}t + \varphi(t)\right\}$$

とおけば

$$\Phi(t) = \{A^2 + B^2 + 2AB\cos(n_1-n_2)t\}^{1/2} \qquad (14)$$

$$\tan\varphi(t) = \frac{A-B}{A+B}\tan\frac{n_1-n_2}{2}t \qquad (15)$$

となるわけである．これをみればわかるように，$A \neq B$ の場合には振幅 $\Phi(t)$ は決してゼロにならない．また $\varphi(t)$ は時間 t の関数であるから，合成振動は一定の周期というものをもたない．一定の周期をもつのは，$A=B$ の場合に限る．だから，教科書的のうなりは，$A=B$ という特

表 9-1

t	φ	Φ
0	0	$A+B$
$\pi/(n_1-n_2)$	$\pi/2$	$A-B$
$2\pi/(n_1-n_2)$	π	$A+B$
$3\pi/(n_1-n_2)$	$3\pi/2$	$A-B$
$4\pi/(n_1-n_2)$	2π	$A+B$

別の場合にのみおこるのである.

それでは, 式 (14), (15) によってあらわされる振動はどんなものであろうか. $n_1 > n_2$ として

(a) $A > B$

(b) $A < B$

の2つの場合に分けて考えよう.

(a) の場合に, Φ や φ が時間 t と共にどう変わるかをまとめて表にすると, 表9-1のようになる.

Φ が $(A+B)$ から始まってから, だんだん小さくなって, $(A-B)$ になり, そこからまた大きくなって $(A+B)$ になる間に φ は π だけ進む. もう1回それをやれば, φ は 2π だけ進む. つまり合成振動は, $\dfrac{n_1+n_2}{2}$ の振動数の振動がその間に振動する回数よりも1回多いのである. よって合成振動の平均周期は

表 9-2

t	φ	Φ
0	0	$B+A$
$\pi/(n_1-n_2)$	$-\pi/2$	$B-A$
$2\pi/(n_1-n_2)$	$-\pi$	$B+A$
$3\pi/(n_1-n_2)$	$-3\pi/2$	$B-A$
$4\pi/(n_1-n_2)$	-2π	$B+A$

$$\frac{4\pi}{(n_1-n_2)}\Bigg/\left(\frac{\dfrac{4\pi}{n_1-n_2}}{\dfrac{4\pi}{n_1+n_2}}+1\right)=\frac{2\pi}{n_1}$$

となる．すなわち合成振動の平均周期は，振幅の大きい A の方の周期に等しい．

(b) の場合には，時間と共に φ がおくれるのであって，Φ や φ の変化は表 9-2 のようになる．よって合成振動の平均周期は

$$\frac{4\pi}{n_1-n_2}\Bigg/\left(\frac{\dfrac{4\pi}{n_1-n_2}}{\dfrac{4\pi}{n_1+n_2}}-1\right)=\frac{2\pi}{n_2}$$

となる．すなわち合成振動の平均周期は，振幅の大きい B の方の周期に等しい．

(a) の場合と (b) の場合とをあわせて，振動のちがう 2 つの振動の合成振動の平均周期は，いずれにしても，振

幅の大きい方の周期に等しいということになる．これは注意すべき性質である．

図9-7は，図9-6の点Pがえがく軌跡を示したものである．図9-7の（1）は

$$x = 4\cos 9t,$$
$$y = 4\cos 8t$$

（2）は

$$x = 4\cos 9t,$$
$$y = 3\cos 8t$$

（3）は

$$x = 4\cos 9t,$$
$$y = 5\cos 8t$$

の場合である．

（1）の場合には円の中心Oを通ること，（2）の場合と（3）の場合とをくらべると，巻数がちがうことに注意してほしい．

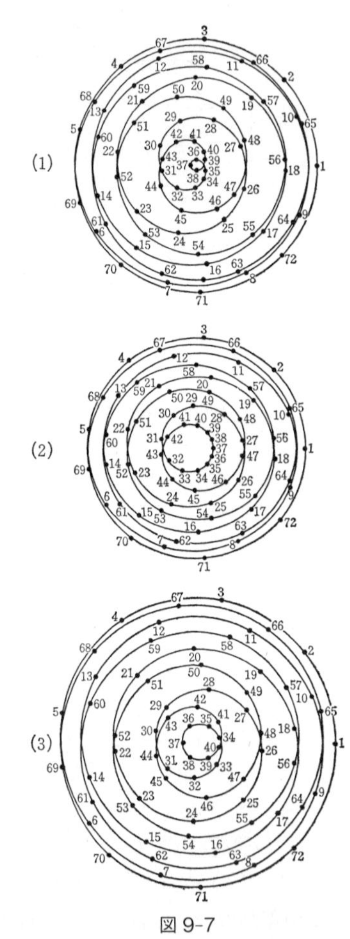

図 9-7

10.

振動と波動

振動というと，たいていの場合に，振子がひきあいに出る．振子といっても，糸の先に錘をつるしたものと限っているわけではないが，何か独立した単一の振動体を考えるのがふつうである．しかし，絃や膜の振動となるとそう簡単にはわりきれない．絃や膜は単一の振動体ではないからである．単一の振動体でないというのは，その周期が一つにきまっていないという意味である．糸の先に錘を下げた振子ならば，その長さによって周期がきまってしまう．ところが絃となると，両端を固定して長さが一定であっても，いくつもの——実は無限の——ちがった周期をもっている．そしてそのことが，絃に波が伝わるということと関係をもってくるのである．ここに振動と波動との関係という面白い問題が出てくる．絃がふるえているのを，振動としてみるか，波動としてみるかというのは，いわば趣味の問題といってもよい．

絃の運動

絃の運動方程式が

$$\rho\frac{\partial^2 u}{\partial t^2} = S\frac{\partial^2 u}{\partial x^2} \tag{1}$$

であることはいまさらいうまでもない．もちろん，ρは絃の線密度，S は張力である．この方程式を解くのに，u が，t だけの関数 $T(t)$ と x だけの関数 $X(x)$ との積だと考えてやってみるというのも，常套手段である．

そこで

$$u = T(t)X(x) \tag{2}$$

とおいて，これを（1）に代入すれば

$$\rho X\ddot{T} = ST\ddot{X}$$

すなわち

$$\frac{\ddot{X}}{X} = \frac{\rho}{S}\frac{\ddot{T}}{T} \tag{3}$$

となる．左辺は x だけの関数であり，右辺は t だけの関数であるのに，両者がいつでも等しいというのであるから，両辺はそれぞれ定数 $-n^2$ に等しくなければならない．したがって

$$\left.\begin{aligned} \ddot{X} + n^2 X = 0 \\ \ddot{T} + \frac{Sn^2}{\rho}T = 0 \end{aligned}\right\} \tag{4}$$

すなわち

$$X = \begin{matrix}\cos\\ \sin\end{matrix}\, nx$$

$$T = \begin{matrix}\cos\\ \sin\end{matrix}\, n\sqrt{\frac{S}{\rho}}t$$

である．よって求める解は

$$u(x,t) = \begin{matrix}\cos\\ \sin\end{matrix}\, nx \begin{matrix}\cos\\ \sin\end{matrix}\, n\sqrt{\frac{S}{\rho}}t \tag{5}$$

である，というのが教科書的のやり方である．n は，いまのところ何でもよいから，u は一般には，勝手な係数 A_n をつけて

$$u(x,t)=\sum_n A_n \begin{matrix}\cos\\ \sin\end{matrix} nx \begin{matrix}\cos\\ \sin\end{matrix} n\sqrt{\frac{S}{\rho}}t \qquad (6)$$

である．ここに大切なことがある．x の関数 $\begin{matrix}\cos\\ \sin\end{matrix} nx$ には，n というパラメータが入っているが，その同じ n が t の関数 $\begin{matrix}\cos\\ \sin\end{matrix} n\sqrt{\frac{S}{\rho}}t$ に入っているということである．

ある 1 つの $x=x$ という点に着目すれば，その点は時間的に $\begin{matrix}\cos\\ \sin\end{matrix} n\sqrt{\frac{S}{\rho}}t$ のような振動をする．しかしその振動数のなかに，パラメータ n が入っているのである．いいかえれば，この振動数は絃の形に関係があるのである．

これも教科書的だが，絃は，その両端 $x=0$ と $x=l$ とで固定されているとする．そうすると，x の関数 $X(x)$ は勝手な形をとるわけにいかない．$\cos nx$ ではだめである．また，$\sin nx$ の方も，

$$\sin nl=0 \qquad (7)$$

を満足するような n でなければならない．すなわち，nl が π の整数倍でなければならない．よって n としては

$$\frac{\pi}{l},\quad \frac{2\pi}{l},\quad \frac{3\pi}{l},\quad \cdots$$

など，すなわち $\frac{p\pi}{l}$（p は整数）のものしか許されない．そうだとすると，その各々に対して，t の関数 $T(t)$ もき

表 10-1

p	X	T
1	$\sin\frac{\pi}{l}x$	$\begin{matrix}\cos \\ \sin\end{matrix}\frac{\pi}{l}\sqrt{\frac{S}{\rho}}t$
2	$\sin\frac{2\pi}{l}x$	$\begin{matrix}\cos \\ \sin\end{matrix}\frac{2\pi}{l}\sqrt{\frac{S}{\rho}}t$
3	$\sin\frac{3\pi}{l}x$	$\begin{matrix}\cos \\ \sin\end{matrix}\frac{3\pi}{l}\sqrt{\frac{S}{\rho}}t$
	……	……

まってしまう．それを表にすると表 10-1 のとおりである．

絃の形とフーリエ級数と直交性

そこで，たとえば$t=0$のときを考えてみると，

$$\cos\frac{p\pi}{l}\sqrt{\frac{S}{\rho}}t = 1,\quad \sin\frac{p\pi}{l}\sqrt{\frac{S}{\rho}}t = 0$$

であるから，(6) は

$$u(x,0) = A_1\sin\frac{\pi}{l}x + A_2\sin\frac{2\pi}{l}x + A_3\sin\frac{3\pi}{l}x + \cdots \tag{8}$$

ということになって，$u(x,0)$ の形が sin 関数だけを使ったフーリエ級数によってあらわされるということになる．

このフーリエ級数 (8) のそれぞれの項を $u_1, u_2, u_3, \cdots$

とすると，それは

$$\left.\begin{array}{l}\dfrac{d^2u_1}{dx^2}+\left(\dfrac{\pi}{l}\right)^2 u_1=0\\ \dfrac{d^2u_2}{dx^2}+\left(\dfrac{2\pi}{l}\right)^2 u_2=0\\ \dfrac{d^2u_3}{dx^2}+\left(\dfrac{3\pi}{l}\right)^2 u_3=0\\ \qquad\cdots\end{array}\right\}\qquad(9)$$

を満足しているわけである．ここで，第1の式と第2の式とを考えてみる．第1の式に u_2 をかけ，第2の式に u_1 をかけて引き算をする．そうすると

$$\left(u_2\frac{d^2u_1}{dx^2}-u_1\frac{d^2u_2}{dx^2}\right)+\left\{\left(\frac{\pi}{l}\right)^2-\left(\frac{2\pi}{l}\right)^2\right\}u_1u_2=0$$

すなわち

$$\frac{d}{dx}\left(u_2\frac{du_1}{dx}-u_1\frac{du_2}{dx}\right)+\left\{\left(\frac{\pi}{l}\right)^2-\left(\frac{2\pi}{l}\right)^2\right\}u_1u_2=0$$

となる．これを，x について，$x=0$ から $x=l$ まで積分すると

$$\left[u_2\frac{du_1}{dx}-u_1\frac{du_2}{dx}\right]_0^l+\left\{\left(\frac{\pi}{l}\right)^2-\left(\frac{2\pi}{l}\right)^2\right\}\int_0^l u_1u_2dx=0$$

となるが，$x=0$ と $x=l$ とでは，$u_1=0$，$u_2=0$ であるから，この式から

$$\int_0^l u_1u_2dx=0\qquad(10)$$

であることがわかる．このことは，u_1 と u_2 とだけでな

く，一般に，u_p と u_q とについて成り立つ．これが直交性という性質であることはいうまでもない．

フーリエ分析と直交性

sin 関数だけのフーリエ級数によって $u(x,0)$ をあらわすということを前にのべた．すなわち

$$\begin{aligned} u(x,0) &= A_1 \sin\frac{\pi}{l}x + A_2 \sin\frac{2\pi}{l}x + A_3 \sin\frac{3\pi}{l}x + \cdots \\ &= A_1u_1 + A_2u_2 + A_3u_3 + \cdots \end{aligned}$$

となるのであるが，このとき，$A_1, A_2, A_3, \cdots$ などの値を求めるにはどうやるのかを反省してみよう．A_1 を求めるには，上の両辺に $\sin\frac{\pi}{l}x$，すなわち u_1 をかけて，x について 0 から l まで積分する．そうすれば

$$\begin{aligned} &\int_0^l u(x,0)u_1 dx \\ &\quad = A_1 \int_0^l {u_1}^2 dx + A_2 \int_0^l u_1u_2 dx + A_3 \int_0^l u_1u_3 dx + \cdots \end{aligned}$$

となるのであるが，右辺第1項は

$$\begin{aligned} A_1 \int_0^l \sin^2\frac{\pi}{l}x\,dx &= A_1 \int_0^l \frac{1-\cos\frac{2\pi}{l}x}{2}dx \\ &= \frac{l}{2}A_1 \end{aligned}$$

第2項以下は，直交性によってみなゼロである．よって A_1 は

$$A_1 = \frac{2}{l}\int_0^l u(x,0)\sin\frac{\pi}{l}x\,dx \qquad (11)$$

ときまってくるのである．その他の $A_2, A_3, \cdots$ についても同様である．

この例でわかるように，直交性ということと，級数展開ということとは，きってもきれない縁があるのである．それどころではない．直交性がなければ，級数に展開するということの意味をなさないとさえいえるのである．

波形の伝播

さていま，たとえば

$$u = \sin\frac{p\pi}{l}x\cos\frac{p\pi}{l}\sqrt{\frac{S}{\rho}}t$$

という解を考える（p は整数）．活字を節約するために

$$\frac{p\pi}{l} = q,\quad \frac{p\pi}{l}\sqrt{\frac{S}{\rho}} = qc$$

と書くことにしよう．そうすれば

$$u(x,t) = \sin qx\cos qct$$

である．$(x+\delta)$ に対する n は

$$u(x+\delta,t) = \left(\sin qx + \delta\frac{d}{dx}\sin qx + \frac{\delta^2}{2}\frac{d^2}{dx^2}\sin qx\right)\cos qct$$

$$= \left(\sin qx + \delta q\cos qx - \frac{\delta^2 q^2}{2}\sin qx\right)\cos qct$$

$(x-\delta)$ に対する u は

$$u(x-\delta, t) = \left(\sin qx - \delta q \cos qx - \frac{\delta^2 q^2}{2}\sin qx\right)\cos qct$$

よって

$$\frac{1}{2}u(x+\delta, t) + \frac{1}{2}u(x-\delta, t)$$
$$= \sin qx \cos qct - \frac{\delta^2 q^2}{2}\sin qx \cos qct$$

である．

また $(t+\tau)$ に対する u は

$$u(x, t+\tau) = \sin qx\left(\cos qct + \tau\frac{d}{dt}\cos qct + \frac{\tau^2}{2}\frac{d^2}{dt^2}\cos qct\right)$$
$$= \sin qx\left(\cos qct - qc\tau \sin qct - \frac{q^2c^2\tau^2}{2}\cos qct\right)$$

である．そこで $t=0$ のところを考えると，

$$\frac{du}{dt} = \frac{d}{dt}\sin qx \cos qct = -qc \sin qx \sin qct = 0$$

であって，これは $t=0$ のときには絃が静止していることを意味する．つまり，絃をつまんで静止の位置から放すことにあたる．そのときには

$$\frac{1}{2}u(x+\delta, 0) + \frac{1}{2}u(x-\delta, 0) = \sin qx - \frac{\delta^2 q^2}{2}\sin qx$$

$$u(x, \tau) = \sin qx - \frac{q^2c^2\tau^2}{2}\sin qx$$

である．したがって，上の2つの式で

$$\delta^2 q^2 = q^2 c^2 \tau^2$$

であるならば

$$\frac{1}{2}u(x+\delta,0)+\frac{1}{2}u(x-\delta,0)=u(x,\tau)$$

であるということになる．それは

$$c=\frac{\delta}{\tau}$$

という場合である．つまり u の形が右と左とから半分ずつやってくるということであり，その速さ δ/τ は c，すなわち，$\sqrt{S/\rho}$ である．いいかえれば，絃をつまんで，静止のところから放すと，u の形が半分ずつ右と左へ $\sqrt{S/\rho}$ という速さで伝わるとみることができる．はじめの u の式 $\sin\frac{p\pi}{l}x\cos\frac{p\pi}{l}\sqrt{S/\rho}t$ からみれば，これは $\cos\frac{p\pi}{l}\sqrt{S/\rho}t$ という時間関数にしたがって振動しているということである．こうなれば振動といっても波動といっても同じことで，どうみるかはいわば趣味の問題だといったのは，この意味である．

波動とみたとき，それの伝わる速さは $\sqrt{S/\rho}$ であるが，これが整数 p を含んでいないということは重要である．つまり，$\sin\frac{\pi}{l}x$ という形も，$\sin\frac{2\pi}{l}x$ という形も，$\sin\frac{3\pi}{l}x$ という形も，みな同じ速さで左右に伝わっていくのである．このことは，絃をつまんで放すと，その形が崩れないで左右に半分ずつ伝わるということを意味する．だから，はじめの u がどんな形をしていても，絃をつまんで静止の位置から放したときには，つぎつぎの時刻にお

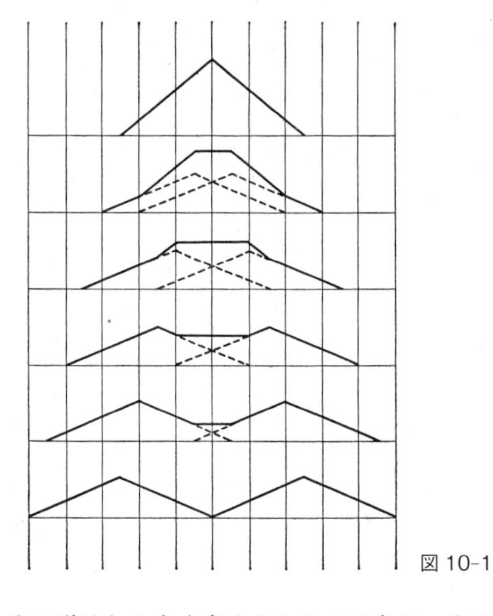

図 10-1

けるその形はたやすく求められるのである．その例を図10-1に示した．

上にのべたのは，絃をつまんで，静止の状態から初速ゼロで放した場合である．だから問題はかなり明快に解けた．しかし，絃に沿った変位 u の分布も，初速の分布も勝手である場合にはそう簡単にはいかない．初期条件が

$$t = 0: \quad u(x, 0) = f(x),\ \ \frac{du}{dt} = \psi(x)$$

である場合には，これを

$$t=0:\quad u(x,0)=f(x),\ \ \frac{du}{dt}=0$$

$$t=0:\quad u(x,0)=0,\ \ \frac{du}{dt}=\psi(x)$$

の2つに分けて考えればよい．はじめの方の解は

$$u_1=\sum A_p\sin\frac{p\pi}{l}x\cos\frac{p\pi}{l}\sqrt{\frac{S}{\rho}}t$$

2番目の方の解は

$$u_2=\sum A'_p\sin\frac{p\pi}{l}x\sin\frac{p\pi}{l}\sqrt{\frac{S}{\rho}}t$$

というような形になる．よって全体の解は

$$u=u_1+u_2$$

である．しかしこういったところで u のつぎつぎの形を実際に求めるのは，容易なことではない．いくら電子計算機があるからといっても，もう少し頭を使った方がよさそうである．

波形の数値計算

われわれが解くべき方程式は

$$\frac{\partial^2 u}{\partial t^2}=c^2\frac{\partial^2 u}{\partial x^2}\qquad (c^2=S/\rho)\qquad (1)$$

である．問題は，$t=t$ における $u(x,t)$ が与えられたとき，時間が τ だけたった後の $u(x,t+\tau)$ を求めるということである．u の形が解析的でない場合には，これを式でやるわけにいかない．数値的に何とかならないものか．こ

こにこういううまい方法がある．これは，高橋喜彦君が工夫したものである．それによると

$$u(x,t+\tau)=\frac{1}{2\sqrt{3}c\tau}\int_{-\sqrt{3}c\tau}^{\sqrt{3}c\tau}u(x+\xi,t)d\xi+\tau\frac{\partial u(x,t)}{\partial t} \tag{12}$$

だというのである．つまり，$-\sqrt{3}c\tau$ から $\sqrt{3}c\tau$ までの間の $u(x,t)$ の平均値と，その点の (速度 $\times\,\tau$) とを加えれば，$u(x,t+\tau)$ になるというのである．この式を証明しよう．

（12）の左辺は

$$u(x,t+\tau)=u(x,t)+\tau\frac{\partial u}{\partial t}+\frac{\tau^2}{2}\frac{\partial^2 u}{\partial t^2} \tag{13}$$

と展開できる．（12）の右辺は

$$\begin{aligned}&\frac{1}{2\sqrt{3}c\tau}\int_{-\sqrt{3}c\tau}^{\sqrt{3}c\tau}u(x+\xi,t)d\xi+\tau\frac{\partial u}{\partial t}\\&\quad=\frac{1}{2\sqrt{3}c\tau}\int_{-\sqrt{3}c\tau}^{\sqrt{3}c\tau}\left(u+\xi\frac{\partial u}{\partial x}+\frac{\xi^2}{2}\frac{\partial^2 u}{\partial x^2}\right)d\xi+\tau\frac{\partial u}{\partial t}\\&\quad=\frac{1}{2\sqrt{3}c\tau}\left[u\xi+\frac{\xi^2}{2}\frac{\partial u}{\partial x}+\frac{\xi^3}{6}\frac{\partial^2 u}{\partial x^2}\right]_{-\sqrt{3}c\tau}^{\sqrt{3}c\tau}+\tau\frac{\partial u}{\partial t}\\&\quad=u+\frac{c^2\tau^2}{2}\frac{\partial^2 u}{\partial x^2}+\tau\frac{\partial u}{\partial t}\\&\quad=u+\tau\frac{\partial u}{\partial t}+\frac{\tau^2}{2}\frac{\partial^2 u}{\partial t^2}\end{aligned} \tag{14}$$

である．すなわち，（12）の両辺は相等しい．これで証明が終った．

（12）には$\tau\dfrac{\partial u}{\partial t}$の項があって，これを求めなければならないが，これは

$$\tau\frac{\partial u}{\partial t}=\frac{1}{2\sqrt{3}c\tau}\int_{-\sqrt{3}c\tau}^{\sqrt{3}c\tau}u(x+\xi,t)d\xi-u(x,t-\tau) \quad (15)$$

と書くことができる．つぎにこのことを証明しよう．

（15）の左辺は

$$\tau\frac{\partial u(x,t)}{\partial t}=\tau\frac{\partial u(x,t-\tau+\tau)}{\partial t}$$
$$=\tau\frac{\partial u(x,t-\tau)}{\partial t}+\tau^2\frac{\partial^2 u(x,t-\tau)}{\partial t^2} \quad (16)$$

（15）の右辺は

$$\frac{1}{2\sqrt{3}c\tau}\int_{-\sqrt{3}c\tau}^{\sqrt{3}c\tau}u(x+\xi,t)d\xi-u(x,t-\tau)$$
$$=\frac{1}{2\sqrt{3}c\tau}\int_{-\sqrt{3}c\tau}^{\sqrt{3}c\tau}u(x+\xi,t-\tau+\tau)d\xi-u(x,t-\tau)$$
$$=\tau\frac{\partial u(x,t-\tau)}{\partial t}+\tau^2\frac{\partial^2 u(x,t-\tau)}{\partial t^2} \quad (17)$$

となり，（15）の左辺と右辺とは等しい．これで証明を終った．そこで，（15）を（12）に代入すれば

$$u(x,t+\tau)=\frac{1}{\sqrt{3}c\tau}\int_{-\sqrt{3}c\tau}^{\sqrt{3}c\tau}u(x+\xi,t)d\xi-u(x,t-\tau) \quad (18)$$

ということになる．よって$u(x,t)$，$u(x,t-\tau)$が与えられていれば，それがどんな形であっても，数値計算によっ

て $u(x, t+\tau)$ を求めることができるのである.

もしも絃をつまんで初速ゼロで放したとすれば,(12)は

$$u(x, t+\tau) = \frac{1}{2\sqrt{3}c\tau}\int_{-\sqrt{3}c\tau}^{\sqrt{3}c\tau} u(x+\xi, t)d\xi$$

である. $\sqrt{3}c\tau$ というのがどうも天下りで気持ちが悪いから,こう考えてみよう. $x-s$ から $x+s$ までの間の $u(x, t)$ の平均値が, $u(x, t+\tau)$ になるようにするためには, s と τ との間にどのような関係をもたさなければならないか. すなわち

$$u(x, t+\tau) = \frac{1}{2s}\int_{-s}^{s} u(x+\xi, t)d\xi \tag{19}$$

となるような τ, s はどんなものか.(19)の左辺は

$$u(x, t+\tau) = u(x, t) + \tau\frac{\partial u}{\partial t} + \frac{\tau^2}{2}\frac{\partial^2 u}{\partial t^2} \tag{20}$$

と展開できるが, 初速ゼロだから

$$u(x, t+\tau) = u(x, t) + \frac{\tau^2}{2}\frac{\partial^2 u}{\partial t^2}$$

である.(19)の右辺は

$$\begin{aligned}&\frac{1}{2s}\int_{-s}^{s} u(x+\xi, t)d\xi \\ &\quad = \frac{1}{2s}\int_{-s}^{s}\left\{u + \xi\frac{\partial u}{\partial x} + \frac{\xi^2}{2}\frac{\partial^2 u}{\partial x^2}\right\}\partial\xi \\ &\quad = \frac{1}{2s}\left[u\xi + \frac{\xi^2}{2}\frac{\partial u}{\partial x} + \frac{\xi^3}{6}\frac{\partial^2 u}{\partial x^2}\right]_{-s}^{s}\end{aligned}$$

$$= u + \frac{1}{6} s^2 \frac{\partial^2 u}{\partial x^2} \tag{21}$$

である．ところが，微分方程式によれば

$$\frac{\partial^2 u}{\partial t^2} = c^2 \frac{\partial^2 u}{\partial x^2} \tag{1}$$

であるから，（20）の右辺は

$$u(x, t) + \frac{\tau^2 c^2}{2} \frac{\partial^2 u}{\partial x^2}$$

これが（21）の

$$u(x, t) + \frac{1}{6} s^2 \frac{\partial^2 u}{\partial x^2}$$

と等しいためには

$$3\tau^2 c^2 = s^2$$

すなわち

$$s = \sqrt{3} c\tau \tag{22}$$

であることがわかる．

11.

フーリエ級数

振動や波動のことを取り扱うときに，よく引き合いに出てくるのが，フーリエ級数である．振動や波動のときばかりではない．ポテンシャルのときにも，熱伝道のときにも，一般の拡散のときにも，われわれはフーリエ級数のごやっかいになる．フーリエ級数とは，要するに

$$\frac{d^2y}{dx^2} = -n^2y$$

という微分方程式の解のうちから，それぞれの問題の条件にあうものをひろい出してそれを加えあわせた級数である．

$y(x)$ という関数をフーリエ級数であらわせば

$$\begin{aligned} y = a_0 + a_1\cos x + a_2\cos 2x + a_3\cos 3x + \cdots \\ + b_1\sin x + b_2\sin 2x + b_3\sin 3x + \cdots \end{aligned} \tag{1}$$

であり，ここに

$$\left.\begin{aligned} a_0 &= \frac{1}{2\pi}\int_0^{2\pi} y(x)dx \\ a_1 &= \frac{1}{\pi}\int_0^{2\pi} y(x)\cos x\,dx \\ a_2 &= \frac{1}{\pi}\int_0^{2\pi} y(x)\cos 2x\,dx \\ &\cdots \\ b_1 &= \frac{1}{\pi}\int_0^{2\pi} y(x)\sin x\,dx \\ b_2 &= \frac{1}{\pi}\int_0^{2\pi} y(x)\sin 2x\,dx \\ &\cdots \end{aligned}\right\} \tag{2}$$

である，と教科書には書いてある．そしてたいていはそれでおしまいである．しかし，フーリエ級数をじっさいに取り扱うと面白いことがたくさんある．これからそのいくつかについてのべてみよう．

(1) の式では，a_n も b_n も，n は 0 からはじまって無限までいっている．つまり無限項の級数を使って，あらゆる x における y の値をあらわそうというのである．a_n, b_n の係数を与える (2) の式で注意すべきことがある．それは，たとえば a_1 なら a_1 をみると，それは $y(x)$ と $\cos x$ との積を 0 から 2π まで積分したものだけできまっているということである．別のいい方をすれば，他の a_n や b_n には独立だということである．これは，そもそもフーリエ級数に展開することができるということのほんとうの意味なのである．

たとえば a_1 は

$$a_1 = \frac{1}{\pi}\int_0^{2\pi} y(x)\cos x\,dx$$

ということできまるのだといわれれば，まさにそのとおりであって，そうですか，といって引き下がるより仕方がないのだが，もう少し実際的にわかりやすい見方はないものであろうか．じつはそれがいくつかある．

最小 2 乗法からみたフーリエ級数

第一は最小 2 乗法の意味から考えるのである．いま $y(x)$ と $a_1\cos x$ とをくらべて，その差の 2 乗を 0 から 2π まで積分したものを最小にすることを考える．すなわち

$$\mu^2 = \int_0^{2\pi} \{y(x) - a_1\cos x\}^2 dx \qquad (3)$$

という μ^2 を最小にすることを考える．

$$\mu^2=\int_0^{2\pi}y^2(x)dx-2a_1\int_0^{2\pi}y(x)\cos x\,dx+{a_1}^2\int_0^{2\pi}\cos^2 x\,dx$$

となるが，第 1 項は一定の値である．すなわち

$$\int_0^{2\pi}y^2(x)dx=S$$

である．また第 3 項は

$${a_1}^2\int_0^{2\pi}\cos^2 x\,dx=\pi{a_1}^2$$

である．したがって

$$\mu^2=S-2a_1\int_0^{2\pi}y(x)\cos x\,dx+\pi{a_1}^2$$

である．この μ^2 を最小にするような a_1 は

$$\frac{\partial\mu^2}{\partial a_1}=-2\int_0^{2\pi}y(x)\cos x\,dx+2\pi a_1=0 \qquad (4)$$

によって与えられる．すなわち

$$a_1=\frac{1}{\pi}\int_0^{2\pi}y(x)\cos x\,dx \qquad (2)$$

である．これは，式 (2) によって与えた a_1 と同じである．つまり a_1 というのは，$y(x)$ を $a_1\cos x$ で近似したときの，いちばんいい近似を与えるような係数なのである．

数値解法とその幾何学的意味

実際の数値的の問題としては，$y(x)$ が数学的に解析的に与えられているのではなく，0 から 2π の間に等間隔にとびとびに与えられているだけである．たとえば，各月の

気温が1年を通じて，12個与えられているというような具合である．これでは上のような積分はできない．与えられる値は12個だから

$$y(x) = a_0 + a_1\cos x + a_2\cos 2x + \cdots + a_6\cos 6x + b_1\sin x + b_2\sin 2x + \cdots + b_5\sin 5x \qquad (5)$$

という12項の級数を使って，a, b をきめる．与えられた値が12個，未知の係数が12個なのだから，

$$\left.\begin{aligned} y_1 &= a_0 + a_1\cos 30° + a_2\cos 60° + \cdots + a_6\cos 180° \\ &\quad + b_1\sin 30° + b_2\sin 60° + \cdots + b_5\sin 150° \\ y_2 &= a_0 + a_1\cos 60° + a_2\cos 120° + \cdots + a_6\cos 360° \\ &\quad + b_1\sin 60° + b_2\sin 120° + \cdots + b_5\sin 300° \\ &\cdots\cdots\cdots \\ y_{12} &= a_0 + a_1\cos 360° + a_2\cos 720° + \cdots + a_6\cos 2160° \\ &\quad + b_1\sin 360° + b_2\sin 720° + \cdots + b_5\sin 1800° \end{aligned}\right\} \qquad (6)$$

という12の連立方程式となる．そしてその解はキチンときまるのである．これを正直に解けば，たとえば

$$a_1 = \frac{1}{6}\{y_1\cos 30° + y_2\cos 60° + y_3\cos 90° + \cdots + y_{12}\cos 360°\} \qquad (7)$$

となる．この式によって a_1 を計算することができるのである．

この式の意味はどういうことか．

いま y は東京の気温であるとして，y_1 は1月，y_2 は2月，…，y_{12} は12月の温度であるとする．y_n の値と，

表 11-1

n	y_n	$y_n \cos 30n^\circ$
1	3.2°	2.8
2	3.9	2.0
3	7.0	0.0
4	12.8	−6.4
5	17.2	−15.0
6	20.8	−20.8
7	25.1	−21.7
8	26.4	−13.2
9	22.6	0.0
10	16.4	8.2
11	11.0	9.5
12	5.7	5.7
平均	14.3	和の $\frac{1}{6}$ −8.2

$y_n \cos 30n^\circ$ の値を表 11-1 に示す.

(7) の式の意味は, y をベクトルのように考えて, その向きを 30° ずつまわして足していって, その合成ベクトルの水平射影を求めるということに他ならない. 図 11-1 はそれを示したものである. これで有限フーリエ級数の幾何学的の意味は明らかである. このとき, 上下射影は $\sin x$ の係数 b_1 の 6 倍になっていることはいうまでもなかろう.

ふたたび最小2乗法の立場から

それでは, 最小2乗の立場からいえば, どうなってい

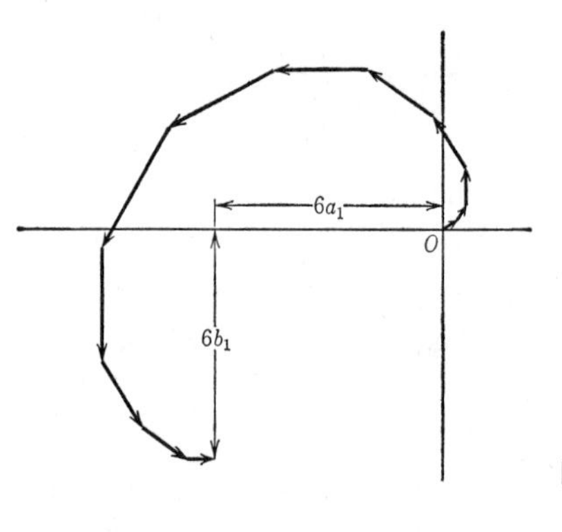

図 11-1

るか．

いま

$$\mu^2 = (y_1 - a_1 \cos 30°)^2 + (y_2 - a_1 \cos 60°)^2 + \cdots + (y_{12} - a_1 \cos 360°)^2 \tag{8}$$

というものを考えてみよう．この式を変形すれば

$$\begin{aligned}\mu^2 = {} & {y_1}^2 + {y_2}^2 + \cdots + {y_{12}}^2 \\ & - 2a_1 (y_1 \cos 30° + y_2 \cos 60° + \cdots + y_{12} \cos 360°) \\ & + {a_1}^2 (\cos^2 30° + \cos^2 60° + \cdots + \cos^2 360°)\end{aligned}$$

となる．よってこの μ^2 を最小にする a_1 の値は

$$\begin{aligned}\frac{\partial \mu^2}{\partial a_1} & = -2(y_1 \cos 30° + y_2 \cos 60° + \cdots + y_{12} \cos 360°) \\ & \quad + 2a_1 (\cos^2 30° + \cos^2 60° + \cdots + \cos^2 360°) \\ & = 0\end{aligned}$$

によって求められる．第 2 項のカッコの中は

$$\cos\alpha = \sqrt{\frac{1+\cos 2\alpha}{2}}$$

の関係を使って

$$\begin{aligned}
&\cos^2 30^\circ + \cos^2 60^\circ + \cos^2 90^\circ \\
&+\cos^2 120^\circ + \cos^2 150^\circ + \cos^2 180^\circ \\
&+\cos^2 210^\circ + \cos^2 240^\circ + \cos^2 270^\circ \\
&+\cos^2 300^\circ + \cos^2 330^\circ + \cos^2 360^\circ \\
&= \frac{1}{2}(12 \\
&\quad +\cos 60^\circ + \cos 120^\circ + \cos 180^\circ \\
&\quad +\cos 240^\circ + \cos 300^\circ + \cos 360^\circ \\
&\quad +\cos 420^\circ + \cos 480^\circ + \cos 540^\circ \\
&\quad +\cos 600^\circ + \cos 660^\circ + \cos 720^\circ) \\
&= 6
\end{aligned}$$

である．したがって

$$\frac{\partial \mu^2}{\partial a_1} = -2(y_1 \cos 30^\circ + y_2 \cos 60^\circ + \cdots + y_{12} \cos 360^\circ) + 12a_1$$

よって

$$a_1 = \frac{1}{6}(y_1 \cos 30^\circ + y_2 \cos 60^\circ + \cdots + y_{12} \cos 360^\circ)$$

である．これは，(6) の連立方程式を解いて求めた a_1 と同じである．すなわち，a_1 は一方からいえば，最小2乗の条件をみたすようなものなのである．a_1 に限らず，一般の a_n, b_n もみな同じことである．

フーリエ級数を近似する

さて，無限フーリエ級数における

$$a_1 = \frac{1}{\pi}\int_0^{2\pi} y(x)\cos x\,dx \qquad (2)$$

と，12 項フーリエ級数における

$$a_1 = \frac{1}{6}\sum_n [y_n \cos 30n°] \qquad (7)$$

とをくらべてみると，(7) は (2) の積分を台形則に従って求めていることにあたる．何故かといえば，(7) は

$$\begin{aligned} a_1 = \frac{1}{6}\Big\{ &\frac{1}{2}(y_0\cos 0° + y_1\cos 30°) \\ &+ \frac{1}{2}(y_1\cos 30° + y_2\cos 60°) + \cdots \\ &+ \frac{1}{2}(y_{11}\cos 330° + y_{12}\cos 360°)\Big\} \end{aligned}$$

と書くことができるからである．だから，12 項のフーリエ級数の a_1 は，無限項フーリエ級数の a_1 を台形則の近似によって求めたということにあたる．

それならば，積分としてもう少し近似のいいシンプソンの $\frac{1}{3}$ 則を使ったらどういうことになるか．シンプソンの $\frac{1}{3}$ 則というのは，つぎのようなものである．図 11-2 の y 曲線を 2 次方程式

$$y = \alpha x^2 + \beta x + \gamma$$

で近似して

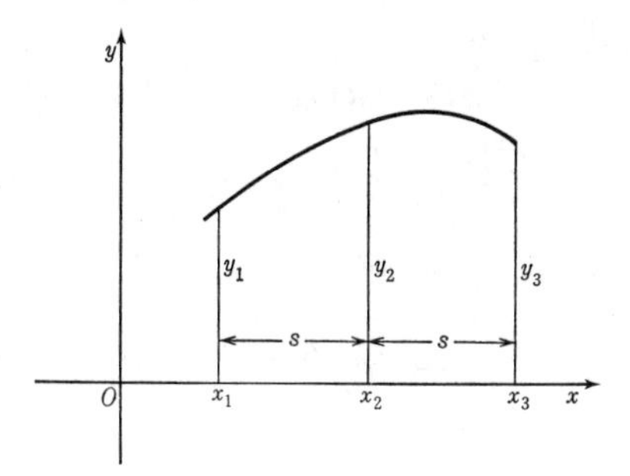

図 11-2

$$\int_{x_1}^{x_3} y\,dx = \frac{1}{3}(y_1+4y_2+y_3)s$$

とするのである．これを 12 項のフーリエ級数にあてはめればつぎのようになる．

$$\begin{aligned}
a_1 &= \frac{1}{\pi}\int_0^{2\pi} y(x)\cos x\,dx \\
&= \frac{1}{18}(y_0\cos 0^\circ + 4y_1\cos 30^\circ + y_2\cos 60^\circ \\
&\quad + y_2\cos 60^\circ + 4y_3\cos 90^\circ + y_4\cos 120^\circ \\
&\quad + y_4\cos 120^\circ + 4y_5\cos 150^\circ + y_6\cos 180^\circ + \cdots)
\end{aligned}$$

$$
\begin{aligned}
= \frac{1}{9}(2y_1\cos 30^\circ + y_2\cos 60^\circ \\
+ 2y_3\cos 90^\circ + y_4\cos 120^\circ \\
+ 2y_5\cos 150^\circ + y_6\cos 180^\circ \\
+ 2y_7\cos 210^\circ + y_8\cos 240^\circ \\
+ 2y_9\cos 270^\circ + y_{10}\cos 300^\circ \\
+ 2y_{11}\cos 330^\circ + y_{12}\cos 360^\circ)
\end{aligned}
$$

ということになる．この a_1 の方が，真の a_1 に近いのである．こころみに東京の気温について，台形則と，シンプソンの $\frac{1}{3}$ 則との両方で a_1 を求めてみよう．計算の結果は

$$
\begin{array}{ll}
\text{台形則} & a_1 = -8.16 \\
\frac{1}{3}\text{則} & a_1 = -8.25
\end{array}
$$

である．このくらいの差が出てくるのである．

平均値を与えるフーリエ級数

もう一つここに問題になることがある．それは，上の例では，1月の気温，2月の気温，… をそれぞれ $x = 30^\circ, 60^\circ, \cdots$ のところの値としたのであるが，これはよくない．1月の気温，2月の気温，… というのは，それぞれの月の平均気温なのであるから，これはそれぞれ，15°，45°，… のところの値とすべきであった．すなわち，前の x の代りに $(x+15^\circ)$ を用いるべきであった．すなわち1年周期の変化は

$$\begin{aligned} y &= a_1\cos(x+15^\circ)+b_1\sin(x+15^\circ) \\ &= a_1\cos 15^\circ \cos x - a_1\sin 15^\circ \sin x \\ &\quad + b_1\sin 15^\circ \cos x + b_1\cos 15^\circ \sin x \\ &= (a_1\cos 15^\circ + b_1\sin 15^\circ)\cos x \\ &\quad + (b_1\cos 15^\circ - a_1\sin 15^\circ)\sin x \qquad (9) \end{aligned}$$

とすべきだったのである．これは図 11-1 の軸を 15° まわすということであって簡単なことである．ところがここにもう一つもっと大切なことがある．

それは，このようにして，1 月の気温，2 月の気温，… を 15°, 45°, … のところに与えて，これらの点をキチンととおる 12 項のフーリエ級数ができたとしても，その級数による 0° から 30° までの平均値が，与えられた 1 月の平均気温になるとは限らない．このことは重要である．そこで，あるフーリエ級数をつくって，たとえばそれの 0° から 30° までの平均値が，ちょうど 1 月の平均気温として与えられたものにするにはどうしたらよいか，というのがつぎの問題になる．すなわち

$$\begin{aligned} y &= a_0 + a_1\cos x + a_2\cos 2x + \cdots + a_6\cos 6x \\ &\quad + b_1\sin x + b_2\sin 2x + \cdots + b_5\sin 5x \end{aligned}$$

という級数をきめて

$$\frac{1}{\tau}\int_{\left(n-\frac{1}{2}\right)\tau}^{\left(n+\frac{1}{2}\right)\tau} y\,dx = y_n \qquad (10)$$

にするにはどうすればよいかというのである．

(10) の左辺は

$$\frac{1}{\tau}\int_{\left(n-\frac{1}{2}\right)\tau}^{\left(n+\frac{1}{2}\right)\tau} y\,dx$$

$$=\frac{1}{\tau}\left[\begin{aligned}a_0x+a_1\sin x+\frac{a_2}{2}\sin 2x+\cdots+\frac{a_6}{6}\sin 6x\\ -b_1\cos x-\frac{b_2}{2}\cos 2x-\cdots-\frac{b_5}{5}\cos 5x\end{aligned}\right]_{\left(n-\frac{1}{2}\right)\tau}^{\left(n+\frac{1}{2}\right)\tau}$$

$$=\frac{1}{\tau}\Big(a_0\tau+2a_1\cos n\tau\sin\frac{\tau}{2}$$

$$+\cdots+2b_1\sin n\tau\sin\frac{\tau}{2}+\cdots\Big) \qquad (11)$$

となる.

一方，与えられた12個の点をキチンととおるフーリエ級数を

$$y=\alpha_0+\alpha_1\cos x+\alpha_2\cos 2x+\cdots+\alpha_6\cos 6x$$

$$+\beta_1\sin x+\beta_2\sin 2x+\cdots+\beta_5\sin 5x \qquad (12)$$

とする．我々の目的は，$x=n\tau$ のところで，両者の値を等しくしようというのである．したがって，(11) と (12) とをくらべて

$$\left.\begin{aligned}&a_0=\alpha_0\\ &a_1=\frac{\alpha_1\tau}{2\sin\tau/2},\quad b_1=\frac{\beta_1\tau}{2\sin\tau/2}\\ &a_2=\frac{2\alpha_2\tau}{2\sin\tau},\quad b_2=\frac{2\beta_2\tau}{2\sin\tau}\\ &\cdots\end{aligned}\right\} \qquad (13)$$

表 11-2

n	$\dfrac{n\tau}{2\sin n\tau/2}$ の値
0	1.0000
1	1.0116
2	1.0472
3	1.1107
4	1.2092
5	1.3552
6	1.5708

であることがわかる．$\tau = 2\pi/12$ としたときに $\dfrac{n\tau}{2\sin n\tau/2}$ の値は表 11-2 のとおりである．

相関係数としてのフーリエ係数

これまでフーリエ係数を，積分の値とみたり，連立方程式の解とみたり，あるいは最小 2 乗法的の解とみたり，いろいろの見方をしてきたが，もう一つ面白い見方がある．それは，フーリエ係数を相関係数の一種とみるという見方である．

2 つの変数 X と Y との相関係数 r とは

$$r = \frac{\sum(X-\overline{X})(Y-\overline{Y})}{\sqrt{\sum(X-\overline{X})^2\sum(Y-\overline{Y})^2}}$$

である．X と Y との組が n 対あるとすれば

$$r=\frac{\frac{1}{n}\{(X_1-\overline{X})(Y_1-\overline{Y})+\cdots+(X_n-\overline{X})(Y_n-\overline{Y})\}}{\sigma_X\sigma_Y}$$

と書くことができる．ここで

$$\sigma_X=\sqrt{\frac{1}{n}\{(X_1-\overline{X})^2+(X_2-\overline{X})^2+\cdots+(X_n-\overline{X})^2\}}$$

$$\sigma_Y=\sqrt{\frac{1}{n}\{(Y_1-\overline{Y})^2+(Y_2-\overline{Y})^2+\cdots+(Y_n-\overline{Y})^2\}}$$

であって．それぞれ X と Y の標準偏差といわれているものである．この σ_X, σ_Y を使って r を書き直せば

$$r=\frac{1}{n}\left\{\frac{X_1-\overline{X}}{\sigma_X}\frac{Y_1-\overline{Y}}{\sigma_Y}+\frac{X_2-\overline{X}}{\sigma_X}\frac{Y_2-\overline{Y}}{\sigma_Y}+\cdots+\frac{X_n-\overline{X}}{\sigma_X}\frac{Y_n-\overline{Y}}{\sigma_Y}\right\}$$

となる．すなわち，X_n と Y_n がそれぞれその平均値 $\overline{X}, \overline{Y}$ とくらべてどれだけ大小があるかということを σ_X, σ_Y を単位にしてはかり，その両者の積の平均値をとれば，それが相関係数 r だというのである．スケールを適当にとって，$\sigma_X=1$，$\sigma_Y=1$ になるようにしたとすれば，相関係数 r は

$$r=\frac{1}{n}\{(X_1-\overline{X})(Y_1-\overline{Y})+(X_2-\overline{X})(Y_2-\overline{Y})+\cdots+(X_n-\overline{X})(Y_n-\overline{Y})\} \quad (14)$$

となる．この値は X, Y の原点をどこに動かしても変わらない．そこで

$$X_n - \overline{X} = x_n,\quad Y_n - \overline{Y} = y_n$$

と書けば,

$$r = \frac{1}{n}\{x_1y_1 + x_2y_2 + \cdots + x_ny_n\} \tag{15}$$

となる. これをフーリエ係数, たとえば

$$a_1 = \frac{1}{6}\{y_1\cos 30° + y_2\cos 60° + \cdots + y_{12}\cos 360°\} \tag{7}$$

とくらべてみれば, 要するに同じことである. つまり, $y_1, y_2, \cdots, y_{12}$ という数列と, $x_1 = \cos 30°, x_2 = \cos 60°, \cdots, x_{12} = \cos 360°$ という数列との相関係数をとっていることに他ならないのである.

さて相関係数を計算するときには, x, y をそれぞれいくつかの級に分けて, 相関表をつくるのがふつうである. ところが友田好文君によると, この級の数を少しくらい減らしても, r の値には大した変化はおこらない. そこで級の数を思いきって減らして, 平均値よりも大きいか, 小さいかの2つの級にしてしまう. そして,

$$x_n - \overline{x} > 0 \quad かつ \quad y_n - \overline{y} > 0$$

の対の数と

$$x_n - \overline{x} < 0 \quad かつ \quad y_n - \overline{y} < 0$$

の対の数の和を N_+,

$$x_n - \overline{x} > 0 \quad かつ \quad y_n - \overline{y} < 0$$

の対の数と

$$x_n - \overline{x} < 0 \quad かつ \quad y_n - \overline{y} > 0$$

表 11-3

月	1	2	3	4	5	6	7	8	9	10	11	12
x	+	+	0	−	−	−	−	−	0	+	+	+
y	−	−	−	−	+	+	+	+	+	+	−	−
符号	異	異		同	異	異	異	異		同	異	異

の対の数の和を N_- とする．そのとき

$$\rho = \frac{N_+ - N_-}{N_+ + N_-} \tag{16}$$

と真の相関係数 r との間には

$$r = \sin\frac{\pi}{2}\rho \tag{17}$$

という関係がある．これははなはだうまいことで，数値計算が非常に簡単になる．そこでこれを東京の気温のフーリエ分析に応用してみる．

y は各月の気温であって，$\overline{y} = 14.3$ である．また x は $\cos 30n^\circ$ であって，$\overline{x} = 0$ である．そこで，$(x - \overline{x})$ と $(y - \overline{y})$ とを対照すると，表 11-3 のとおりになる．

そこで

$$N_+ = 3,\ \ N_- = 9$$

としてよいであろう．よって

$$\rho = \frac{3-9}{12} = -0.5$$

となり，したがって

$$r = -0.71$$

となる．ところで，これは $\sigma_x = 1$，$\sigma_y = 1$ というスケールで考えてきたのだから，その実際の値を求めなければならない．いまの場合は

$$\sigma_x = 0.71,\ \ \sigma_y = 8.0$$

であるから，

$$a_1 = -2 \times 0.71 \times 0.71 \times 8.0 \fallingdotseq -8.0$$

となり，前にちゃんと計算して求めた 8.16；8.25 とほとんど同じ値が出てくる．これはじつにうまい話である．

電子計算機が流行している今日，ここに述べたようなことがらが実際に使われるとは思わない．しかしこういうふうにフーリエ級数をいじりまわしていると，その性質を肌身で感じることができる．それは，電子計算機にまかせきりにしておいたのでは，とうてい知ることのできないような種類のものである．

12.

絃の振動は完全なくりかえしである

絃の振動の方程式は，通例の記号にしたがって

$$\rho \frac{\partial^2 u}{\partial t^2} = S \frac{\partial^2 u}{\partial x^2} \qquad (1)$$

である．この絃が両端 $(x = 0, x = l)$ で固定されているとすれば，方程式（1）の解は

表 12-1

m	形	周期
1	$\sin\frac{\pi}{l}x$	$2l\sqrt{\frac{\rho}{S}}=T_1$
2	$\sin\frac{2\pi}{l}x$	$\frac{2l}{2}\sqrt{\frac{\rho}{S}}=\frac{T_1}{2}$
3	$\sin\frac{3\pi}{l}x$	$\frac{2l}{3}\sqrt{\frac{\rho}{S}}=\frac{T_1}{3}$
	…	…

$$u=\sum_m A_m \frac{\cos}{\sin}\frac{m\pi}{l}ct\sin\frac{m\pi}{l}x \qquad \left(c^2=\frac{S}{\rho}\right) \quad (2)$$

であることは，いまさらいうまでもない．これをほぐして書けば

$$u=A_1\frac{\cos}{\sin}\frac{\pi}{l}ct\sin\frac{\pi}{l}x+A_2\frac{\cos}{\sin}\frac{2\pi}{l}ct\sin\frac{2\pi}{l}x+\cdots$$

であって，$m=1,2,3,\cdots$ などに対して，各成分の形と周期 $\frac{2l}{c}$ とは表 12-1 のとおりである．

ここで大切なのは，$m=1,2,3,\cdots$ に対して，周期 T が，$1,\frac{1}{2},\frac{1}{3},\cdots$ というように整数の逆比になっているということである．だから，$m=1$ の振動が 1 回完了すると，$m=2$ の振動は 2 回，$m=3$ の振動は 3 回，完了している．すなわち，$m=1$ の振動が 1 回完了すると，絃

の形は，全部もとへもどっているのである．だから絃の振動は完全にくりかえしである．

長方形の膜の振動

それでは膜の振動はどうか．まず両辺が a, b の長方形の膜を考える．それの振動の方程式は

$$\rho \frac{\partial^2 u}{\partial t^2} = S\left(\frac{\partial^2 u}{\partial x^2} + \frac{\partial^2 u}{\partial y^2}\right) \qquad \left(c^2 = \frac{S}{\rho}\right) \tag{3}$$

である．膜はまわりで固定されているとする．方程式（3）を解くのに

$$u = X(x)Y(y)e^{ipt}$$

であるとしてみる．ただし $X(x)$ は x のみの関数，$Y(y)$ は y のみの関数である．これを，（3）に代入すると，

$$\left(Y\frac{d^2X}{dx^2} + X\frac{d^2Y}{dy^2}\right) + \frac{p^2}{c^2}XY = 0 \tag{4}$$

となる．（4）を変形すれば

$$\frac{1}{X}\frac{d^2X}{dx^2} = -\frac{1}{Y}\left(\frac{d^2Y}{dy^2} + \frac{p^2}{c^2}Y\right)$$

となるが，この左辺は x のみの関数，右辺は y のみの関数であるのに，両者が等しいというのであるから，それらは結局ある定数に等しくなければならない．そこで，便宜のためにこの定数を $-\mu^2/c^2$ とおけば

$$\left.\begin{aligned}\frac{d^2X}{dx^2}+\frac{\mu^2}{c^2}X=0\\ \frac{d^2Y}{dy^2}+\frac{p^2-\mu^2}{c^2}Y=0\end{aligned}\right\} \qquad (5)$$

となる．その解はそれぞれ

$$X=\begin{matrix}\cos\\ \sin\end{matrix}\frac{\mu}{c}x,\ \ Y=\begin{matrix}\cos\\ \sin\end{matrix}\frac{\sqrt{p^2-\mu^2}}{c}y \qquad (6)$$

である．いま

$$\frac{\mu}{c}=r,\ \ \frac{\sqrt{p^2-\mu^2}}{c}=s$$

とおけば,

$$p^2=(s^2+r^2)c^2$$

$$X=\begin{matrix}\cos\\ \sin\end{matrix}\,rx,\ \ Y=\begin{matrix}\cos\\ \sin\end{matrix}\,sy$$

となり，方程式（3）の解は

$$u=\sum A\begin{matrix}\cos\\ \sin\end{matrix}\,rx\begin{matrix}\cos\\ \sin\end{matrix}\,sy\begin{matrix}\cos\\ \sin\end{matrix}\,c\sqrt{s^2+r^2}t$$

となる．しかし，われわれの膜は4辺で固定されているから，この解のうちで，$\cos rx$ や $\cos sy$ は不適当である．また sin の方も

$$\left.\begin{aligned}\sin ra=0\\ \sin sb=0\end{aligned}\right\}$$

のもの，すなわち

$$\left.\begin{aligned}ra=m\pi\\ sb=n\pi\end{aligned}\right\}$$

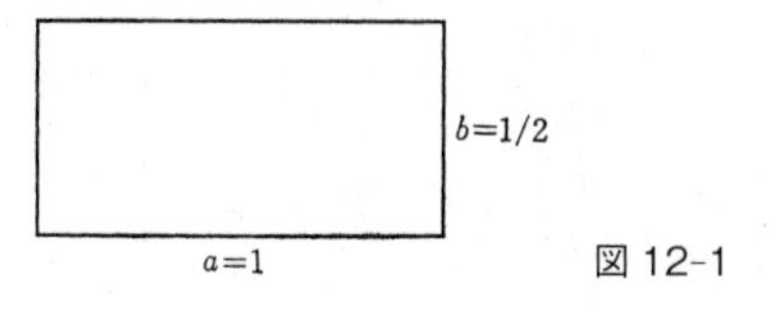

図 12-1

であるものしか許されない．このことは絃の場合と同じである．よってわれわれの解は

$$u=\sum_m\sum_n A_{mn}\sin\frac{m\pi}{a}x\sin\frac{n\pi}{b}y\,\begin{matrix}\cos\\\sin\end{matrix}\,c\pi\sqrt{\frac{m^2}{a^2}+\frac{n^2}{b^2}}t$$

である．すなわち

$$\sin\frac{m\pi}{a}x\sin\frac{n\pi}{b}y$$

という形をもった振動の周期 T_{mn} は

$$T_{mn}=2\Big/c\sqrt{\frac{m^2}{a^2}+\frac{n^2}{b^2}}$$

であることがわかる．いま簡単のために $2/c=1$ であるように単位をとったとする．また膜の形は，図 12-1 のように $a=1$，$b=1/2$ であるとする．そうすれば

$$T_{mn}=\frac{1}{\sqrt{m^2+4n^2}}$$

となる．表 12-2 は，m, n のいろいろの組み合わせに対する $1/T_{mn}=\sqrt{m^2+4n^2}$ の値を示したものである．絃の場合とちがって，これらの周期は，一般には整数の比にはなっていない．これは絃の場合とたいへんなちがいである．しかしこの表の対角線にそって

表 12-2

m \ n	1	2	3	4	5
1	2.236	4.123	6.083	8.062	10.050
2	2.828	4.472	6.325	8.246	10.198
3	3.605	5.000	6.708	8.544	10.440
4	4.472	5.657	7.211	8.944	10.770
5	5.385	6.403	7.810	9.434	11.180

$$
\begin{array}{lr}
m=1,\ n=1 & 2.236 \\
m=2,\ n=2 & 4.472 \\
m=3,\ n=3 & 6.708 \\
m=4,\ n=4 & 8.944 \\
m=5,\ n=5 & 11.180
\end{array}
$$

をひろってみると，それは1:2:3:4:5という比になっている．それらの振動の形は図 12-2 のとおりである．

これらの様式が重なり合っていたところから振動がはじまったとすると，$(m=1, n=1)$ の様式の振動が 1 回完了する間に，つぎの様式 $(m=2, n=2)$ の振動は 2 回，以下 3 回，4 回，5 回と完了している．したがって，膜全体の形は，完全にもとに戻っている．しかし，たとえば $(m=1, n=1)$ と $(m=2, n=1)$ とが重なり合ったところからはじまったとすると，その周期は 2.236… と 2.828… であるから，$(m=1, n=1)$ の振動が 1 回完了したときには，$(m=2, n=1)$ の振動ははんぱな位相にあって，もとの形に戻らない（図 12-3)．何回くりかえしてももとに戻

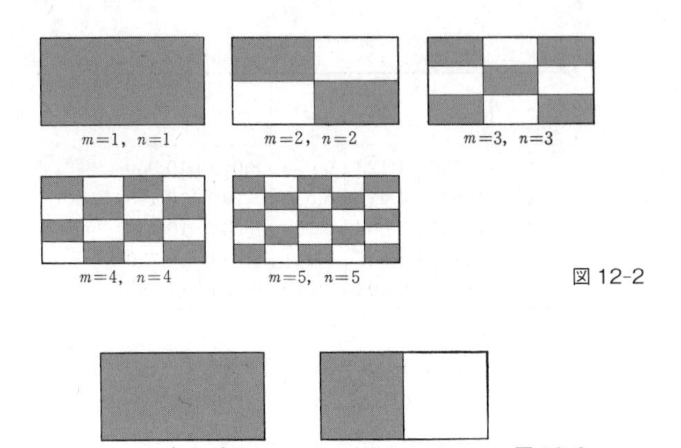

図 12-2

図 12-3

らない.

一般に，a と b とが整数の比になっていないならば，どの振動様式をとっても周期は整数の比にならない．したがって，もとの形に戻ることはない.

正方形の膜と偶然縮退

つぎに膜が正方形であるという特別な場合を考えよう．この場合には，周期 T は

$$T = \frac{1}{\sqrt{m^2+n^2}}$$

となる．この場合について，m, n のいろいろの組み合わせに対する $\sqrt{m^2+n^2}$ を示せば，表 12-3 のようになる.

膜が正方形になると，上の表の値は，対角線について対

表 12-3

m \ n	1	2	3	4	5	6	7
1	1.414	2.236	3.162	4.123	5.099	6.083	7.071
2	2.236	2.828	3.606	4.472	5.385	6.325	7.280
3	3.162	3.606	4.243	5.000	5.831	6.708	7.616
4	4.123	4.472	5.000	5.657	6.403	7.211	8.062
5	5.099	5.385	5.831	6.403	7.071	7.810	8.602
6	6.083	6.325	6.708	7.211	7.810	8.485	9.220
7	7.071	7.280	7.616	8.062	8.602	9.220	9.900

称になる．これは当然のことである．ところが，ここに面白いことが起こる．それはたとえば

$$m = 5, n = 5; \qquad 1/T = 7.071$$
$$m = 1, n = 7; \qquad 1/T = 7.071$$
$$m = 7, n = 1; \qquad 1/T = 7.071$$

ということであって，この3つの様式は，周期がまったく等しい．だからこの3つの様式を重ねたところから振動をはじめたとすると，1回ごとにもとにきちんと戻る（図 12-4）．これは

$$5^2 + 5^2 = 1^2 + 7^2$$

という事情からくるのである．

これは

$$2^2 + 3^2 = 3^2 + 2^2$$

というのとはちがって，いわば偶然である．2つのちがった様式が，同じ周期をもつことを一般に**縮退**というのであ

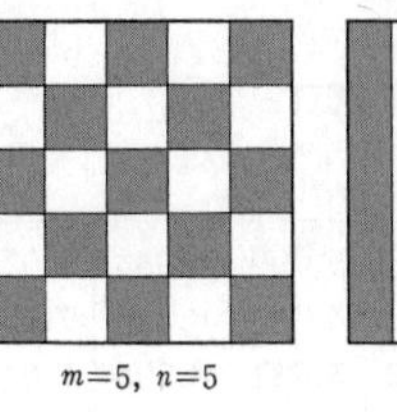
$m=5,\ n=5$

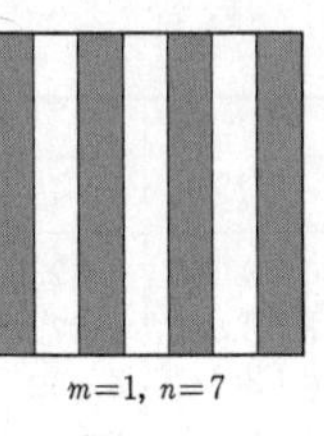
$m=1,\ n=7$

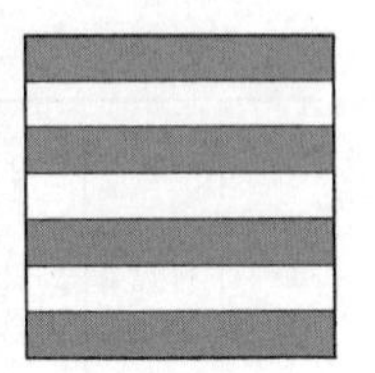
$m=7,\ n=1$

図 12-4

るが，そのなかで

$$5^2+5^2=1^2+7^2$$

のようなのを**偶然縮退**という．偶然縮退にはまだ例がある．たとえば

$$2^2+9^2=6^2+7^2$$

などもそれである．

円形の膜とベッセル関数

つぎに円形の膜の振動を考えよう．円形の膜の振動の方程式は一般に

$$\frac{\partial^2 u}{\partial t^2}=c^2\left(\frac{\partial^2 u}{\partial r^2}+\frac{1}{r}\frac{\partial u}{\partial r}+\frac{1}{r^2}\frac{\partial^2 u}{\partial \theta^2}\right)$$

であるが，さしあたり，θ に関係しないものだけを考えることにして，

$$\frac{\partial^2 u}{\partial t^2}=c^2\left(\frac{\partial^2 u}{\partial r^2}+\frac{1}{r}\frac{\partial u}{\partial r}\right)$$

という方程式を取り扱うことにしよう．

例によって

$$u = R(r)e^{ipt}$$

とおいて，この方程式に代入すると，

$$\frac{d^2R}{dr^2} + \frac{1}{r}\frac{dR}{dr} + \frac{p^2}{c^2}R = 0$$

これはベッセルの方程式のいちばん簡単な場合であって，その解を

$$R = J_0\left(\frac{p}{c}r\right)$$

と書くことにする．したがってもとの振動方程式の解は

$$u = \begin{matrix}\cos\\ \sin\end{matrix}\, pt \cdot J_0\left(\frac{p}{c}r\right)$$

である．

ところで，この円形の膜が半径 a のところで固定されているとすれば，$r=a$ で $u=0$ でなければならない．すなわち

$$J_0\left(\frac{p}{c}a\right) = 0$$

でなければならない．ところで，$J_0(\xi)$ という関数の形は，図 12-5 のようなものである．$\xi=0$ では $J_0(\xi)$ は 1.0 であって，そこから出発して，ξ が大きくなるにつれて波をうちながら，だんだん小さくなる．

$J_0(\xi)$ が 0 になるような ξ の値は

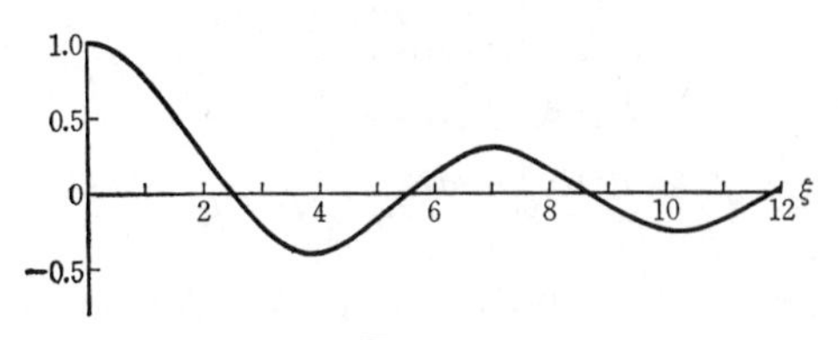

図 12-5

$$\xi_1 = 2.404 \quad \xi_5 = 14.931 \quad \cdots$$
$$\xi_2 = 5.520 \quad \xi_6 = 18.071$$
$$\xi_3 = 8.654 \quad \xi_7 = 21.212$$
$$\xi_4 = 11.792 \quad \xi_8 = 24.353$$

などである．円形の膜の振動では，$r=a$ で $u=0$ に固定してあるのだから，上の $\xi_1, \xi_2, \cdots, \xi_8, \cdots$ に対応して

$$\frac{p}{c}a = 2.404,\ \ 5.520,\ \ \cdots\ \ 24.353,\ \ \cdots$$

などでなければならない．したがって $p_1 = \dfrac{2.404c}{a}$ を単位として，$p_2, p_3, \cdots$ などを求めると，つぎのとおりになる．

$$p_1 = 1.000 \quad p_5 = 6.210 \quad \cdots$$
$$p_2 = 2.291 \quad p_6 = 7.500$$
$$p_3 = 3.600 \quad p_7 = 8.830$$
$$p_4 = 4.900 \quad p_8 = 10.130$$

どれも整数にならない．だから太鼓のまんなかをたたいたとしても，いつまでたってももとの形に戻らない．これら

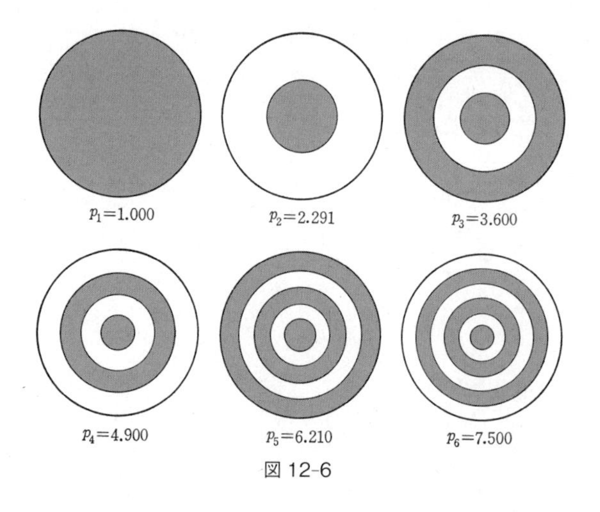

図 12-6

の振動の様式を模式的にかけば，図 12-6 のようになる．つまり太鼓の皮は，いつもちがった形になっているから規則正しい楽音は出ない．

絃はヴァイオリン，セロなどになって楽音を出すが，膜をはった太鼓は，楽音を出さないで，打楽器という仲間にされてしまうわけは，ここにある．

本書は一九六八年十二月二十日、岩波書店から刊行された。

微分積分学 吉田洋一

基本事項から初等関数や多変数の微積分、微分方程式などを、具体例と注意すべき点を挙げ丁寧に叙述。長年読まれ続けてきた大定番の入門書。（赤攝也）

私の微分積分法 吉田耕作

ニュートン流の考え方にならうと微積分はどのように展開される？　対数・指数関数、三角関数から微分方程式、数値計算の話題まで。（俣野博）

力学・場の理論 L・D・ランダウ／E・M・リフシッツ／水戸巌ほか訳

圧倒的に名高い「理論物理学教程」に、ランダウ自身が構想した入門篇があった！　幻の名著「小教程」がいまよみがえる。（山本義隆）

量子力学 L・D・ランダウ／E・M・リフシッツ／好村滋洋／井上健男訳

非相対論的量子力学から相対論的理論までを、簡潔で美しい理論構成で登る入門教科書。大教程2巻をもとに新構想の別版。（江沢洋）

幾何学の基礎をなす仮説について ベルンハルト・リーマン／菅原正巳訳

相対性理論の着想の源泉となった、リーマンの記念碑的講演。ヘルマン・ワイルの格調高い序文・解説とミンコフスキーの論文「空間と時間」を収録。

新 物理の散歩道 第2集 ロゲルギスト

ゴルフのバックスピンは芝の状態に無関係、昆虫の羽ばたき、コマの不思議、流れ模様など意外な展開と多彩な話題の科学エッセイ。（呉智英）

新 物理の散歩道 第3集 ロゲルギスト

高熱水蒸気の威力、魚が銀色に輝くしくみ、コマが起ちあがる力学。身近な現象にひそむ意外な「物の理」を探求するエッセイ。（米沢富美子）

新 物理の散歩道 第4集 ロゲルギスト

上りは階段・下りは坂道が楽という意外な発見、模型飛行機のゴムのこぶの正体などの話題から、物理学者ならではの含蓄の哲学まで。（下村裕）

新 物理の散歩道 第5集 ロゲルギスト

クリップで蚊取線香の火が消し止められる？　バイオリンの弦の動きを可視化する顕微鏡とは？　噛みごたえのある物理エッセイ。（鈴木増雄）

熱学思想の史的展開1　山本義隆

熱の正体は？　その物理的特質とは？　『磁力と重力の発見』の著者による壮大な科学史。熱力学入門書としての評価も高い。全面改稿。

熱学思想の史的展開2　山本義隆

熱力学はカルノーの一篇の論文に始まり骨格が完成した。熱素説に立ちつつも、時代に半世紀も先行していた。理論のヒントは水車だったのか？

熱学思想の史的展開3　山本義隆

隠された因子、エントロピーがついにその姿を現わす。そして重要な概念が加速的に連結し熱力学が体系化されていく。格好の入門篇。全3巻完結。

数学がわかるということ　山口昌哉

非線形数学の第一線で活躍した著者が〈数学とは〉をしみじみと、〈私の数学〉を楽しげに語る異色の数学入門書。（野﨑昭弘）

カオスとフラクタル　山口昌哉

ブラジルで蝶が羽ばたけば、テキサスで竜巻が起こる？　カオスやフラクタルの非線形数学の不思議をさぐる本格的入門書。（合原一幸）

数学文章作法　基礎編　結城浩

レポート・論文・プリント・教科書など、数式まじりの文章を正確で読みやすいものにするには？『数学ガール』の著者がそのノウハウを伝授！

数学文章作法　推敲編　結城浩

ただ何となく推敲していませんか？　語句の吟味・全体のバランス・レビューなど、文章をより良くするために効果的な方法を、具体的に学びましょう。

数学序説　吉田洋一／赤攝也

数学は嫌いだ、苦手だという人のために。幅広いトピックを歴史に沿って解説。刊行から半世紀以上にわたり読み継がれてきた数学入門のロングセラー。

ルベグ積分入門　吉田洋一

リーマン積分ではなぜいけないのか。反例を示しつつ、ルベグ積分誕生の経緯と基礎理論を丁寧に解説。いまだ古びない往年の名教科書。（赤攝也）

ファインマンさん　最後の授業

レナード・ムロディナウ
安平文子訳

科学の魅力とは何か？　創造とは、そして死とは？　老境を迎えた大物理学者との会話をもとに書かれた、珠玉のノンフィクション。（山本貴光）

生物学のすすめ

ジョン・メイナード＝スミス
木村武二訳

現代生物学では何が問題になるのか。20世紀生物学に多大な影響を与えた大家が、複雑な生命現象を理解するためのキー・ポイントを易しく解説。

現代の古典解析

森　毅

おなじみ一刀斎の秘伝公開！　極限と連続に始まり、指数関数と三角関数を経て、偏微分方程式に至る。見晴らしのきく、読み切り22講義。

ベクトル解析

森　毅

1次元線形代数学から多次元へ、1変数の微積分から多変数へ。応用面と異なる、教育的重要性を軸に展開するユニークなベクトル解析のココロ。

対談　数学大明神

森　毅
安野光雅

数楽的センスの大饗宴！　読み巧者の数学者と数学ファンの画家が、とめどなく繰り広げる興趣つきぬ数学談義。（河合雅雄・亀井哲治郎）

線型代数

森　毅

理工系大学生必須の線型代数を、その生態のイメージと意味のセンスを大事にしつつ、基礎的な概念をひとつひとつユーモアを交え丁寧に説明する。

応用数学夜話

森口繁一

俳句は何兆まで作れるのか？　安売りをしてもっとも効率的に利益を得るには？　世の中の現象と数学をむすぶ読み切り18話。（伊理正夫）

フィールズ賞で見る現代数学

マイケル・モナスティルスキー
眞野元訳

「数学のノーベル賞」とも称されるフィールズ賞。その誕生の歴史、および第一回から二〇〇六年までの歴代受賞者の業績を概説。

思想の中の数学的構造

山下正男

レヴィ＝ストロースと群論？　ニーチェやオルテガの遠近法主義、ヘーゲルと解析学、孟子と関数概念……。数学的アプローチによる比較思想史。

ちくま学芸文庫

数理（すうり）のめがね

二〇二〇年七月十日　第一刷発行

著　者　坪井忠二（つぼい・ちゅうじ）

発行者　喜入冬子

発行所　株式会社 筑摩書房
東京都台東区蔵前二―五―三　〒一一一―八七五五
電話番号　〇三―五六八七―二六〇一（代表）

装幀者　安野光雅

印刷所　大日本法令印刷株式会社

製本所　株式会社積信堂

ISBN978-4-480-09995-2 C0141